高等职业教育产教融合特色系列教材

工业机器人典型应用与维护

主　编：甘　霖　夏　雨　蓝伟铭
副主编：梁　磊　类志杰　吴柳宁
参　编：李东恒　吴碧武　王富春　关来德

北京理工大学出版社
BEIJING INSTITUTE OF TECHNOLOGY PRESS

内容简介

本教材基于汽车产业工业机器人搬运、数控机床上下料、弧焊、视觉检测等真实工作场景，与东风柳州汽车有限公司共同实施岗位能力调研分析，在对接工业机器人技术国家专业标准、1+X证书标准的基础上，针对企业岗位能力需求，校企联合编写了三层级共6个项目。

1. 入门级，项目1：手动操纵工业机器人。通过项目的学习掌握机器人安全操作以及岗位安全着装需求，并能对机器人进行点动控制。

2. 进阶级，项目2~项目5：包括工业机器人搬运、工业机器人数控机床上下料、工业机器人弧焊、工业机器人视觉分拣4项典型应用，以基础的机器人指令学习为基点，逐渐加入I/O信号配置、网络通信、焊机参数设置、工业以太网、工业视觉等新技术点，学习内容由简单到复杂。

3. 拓展级，项目6：工业机器人常见故障诊断处理与运行维护。项目包含企业产线中机器人运行过程中常见故障、原因分析及处理办法，通过项目的学习能充分提高读者对故障的分析排查能力。

本教材基于汽车、机械行业工业机器人系统操作和运维岗位能力需求，可作为高等院校、高职院校工业机器人技术相关专业、核心课程教材，也可作为企业员工培训、社会人员学习用书。

版权专有　侵权必究

图书在版编目（CIP）数据

工业机器人典型应用与维护／甘霖，夏雨，蓝伟铭主编． -- 北京：北京理工大学出版社，2024.6（2024.8重印）．
ISBN 978-7-5763-4363-2

Ⅰ．TP242.2

中国国家版本馆CIP数据核字第2024CG4300号

责任编辑：赵　岩	**文案编辑**：孙富国
责任校对：周瑞红	**责任印制**：李志强

出版发行	／北京理工大学出版社有限责任公司
社　　址	／北京市丰台区四合庄路6号
邮　　编	／100070
电　　话	／（010）68914026（教材售后服务热线）
	（010）68944437（课件资源服务热线）
网　　址	／http://www.bitpress.com.cn
版 印 次	／2024年8月第1版第2次印刷
印　　刷	／涿州市新华印刷有限公司
开　　本	／787 mm×1092 mm　1/16
印　　张	／14.25
字　　数	／334千字
定　　价	／49.50元

图书出现印装质量问题，请拨打售后服务热线，负责调换

前　言

工业机器人已成为推动制造强国战略的重要引擎之一。在制造业转型升级的浪潮中，工业机器人应用正逐步深入到生产制造的各个环节，成为提高生产效率、保证产品质量的重要保障。本教材旨在深入探讨与研究工业机器人在制造业中的典型工艺应用以及维护技术，帮助读者全面了解和掌握这一领域的关键技能，从而为推动我国制造业高质量发展贡献力量。

工业机器人在现代产线中的应用十分广泛，涉及设备众多，信号复杂。为更好地满足企业对技术人才的需求，柳州职业技术大学与东风柳州汽车有限公司等企业展开了深度合作，校企共同实施岗位能力调研分析。在此背景下，按照工作岗位任务"认知—实践—提升"的规律，遵循"完一课成一事"的结果导向教学理念，同时有机融入职业素养、工匠精神等思政点，德技并重培养高技能高素质人才，以企业实际工作岗位任务为教学载体，本教材应运而生，力求培养学生掌握工业机器人典型工艺应用及设备运维的专业能力。

本教材由柳州职业技术大学、东风柳州汽车有限公司、广西汽车集团有限公司、柳州三松自动化技术有限公司共同完成编写，柳州职业技术大学甘霖、夏雨、蓝伟铭任主编。具体编写分工为：柳州职业技术大学甘霖、东风柳州汽车有限公司吴柳宁编写项目1、项目4，柳州职业技术大学李东恒、东风柳州汽车有限公司吴碧武编写项目2，柳州职业技术大学蓝伟铭、梁磊编写项目3，柳州职业技术大学夏雨编写项目5，柳州职业技术大学类志杰、东风柳州汽车有限公司吴柳宁、吴碧武编写项目6，最终由主编甘霖负责统稿。本教材在编写过程中得到广西汽车集团有限公司郑志明、柳州三松自动化技术有限公司劳松的帮助与支持，并提供企业一线生产案例。同时本教材也参阅了部分相关教材及技术文献内容，并得到2023年度广西职业教育教学改革研究项目重点资助课题"新工科建设形势下基于赋能教育的《工业机器人典型应用》课程改革"（GXGZJG2023A048）基金资助，在此一并表示衷心的感谢。

本书通过二维码链接形式配套了丰富的教学资源，利用信息化技术采用教学课件、微课、课后习题、拓展任务对课程的核心知识点与技能进行讲解与剖析，降低读者学习难度，有效提高读者学习效率。

由于编者水平有限，对书中不足之处，希望广大读者给予批评指正。

编　者

目 录

项目 1　手动操纵工业机器人 … 1

【项目导入】 … 1
【项目目标】 … 1
【项目描述】 … 2
【学习指南】 … 3
任务 1.1　启动工业机器人 … 3
【任务描述】 … 3
【预备知识】 … 3
【任务实施】 … 10
【任务评价】 … 11
任务 1.2　手动控制机器人运动 … 11
【任务描述】 … 11
【预备知识】 … 11
【任务实施】 … 15
【拓展任务】 … 25
【任务评价】 … 26
【项目小结】 … 26
【课后习题】 … 26

项目 2　工业机器人搬运应用 … 29

【项目导入】 … 29
【项目目标】 … 29
【项目描述】 … 30
【学习指南】 … 31
任务 2.1　建立机器人工具坐标系 … 32
【任务描述】 … 32
【预备知识】 … 33
【任务实施】 … 35
【拓展任务】 … 45
【任务评价】 … 47

任务 2.2　建立机器人工件坐标系 ··· 48
　　【任务描述】 ·· 48
　　【预备知识】 ·· 48
　　【任务实施】 ·· 50
　　【任务评价】 ·· 57

任务 2.3　创建机器人程序 ··· 57
　　【任务描述】 ·· 57
　　【预备知识】 ·· 57
　　【任务实施】 ·· 61
　　【拓展任务】 ·· 73
　　【任务评价】 ·· 74

任务 2.4　编写机器人连续搬运程序 ··· 74
　　【任务描述】 ·· 74
　　【预备知识】 ·· 74
　　【任务实施】 ·· 78
　　【任务评价】 ·· 84
　　【项目小结】 ·· 84
　　【课后习题】 ·· 84

项目 3　工业机器人数控机床上下料应用 ·· 87

　　【项目导入】 ·· 87
　　【项目目标】 ·· 88
　　【项目描述】 ·· 88
　　【学习指南】 ·· 89

任务 3.1　工业机器人上下料工作站认知与调试 ··································· 90
　　【任务描述】 ·· 90
　　【预备知识】 ·· 90
　　【任务实施】 ·· 94
　　【任务评价】 ··· 114

任务 3.2　PLC 与数控车床的连接 ·· 114
　　【任务描述】 ··· 114
　　【预备知识】 ··· 114
　　【任务实施】 ··· 115
　　【任务评价】 ··· 116

任务 3.3　数控车床上下料联调控制 ·· 117
　　【任务描述】 ··· 117
　　【预备知识】 ··· 117
　　【任务实施】 ··· 118
　　【任务评价】 ··· 123
　　【拓展任务】 ··· 124

【项目小结】 …………………………………………………………………… 124
【课后习题】 …………………………………………………………………… 124

项目 4　工业机器人弧焊应用 …………………………………………………… 126

【项目导入】 …………………………………………………………………… 126
【项目目标】 …………………………………………………………………… 126
【项目描述】 …………………………………………………………………… 127
【学习指南】 …………………………………………………………………… 127

任务 4.1　工业机器人弧焊工作站认知 ……………………………………… 128
【任务描述】 …………………………………………………………………… 128
【预备知识】 …………………………………………………………………… 129
【任务实施】 …………………………………………………………………… 133
【任务评价】 …………………………………………………………………… 141

任务 4.2　弧焊机器人 I/O 信号配置 ………………………………………… 141
【任务描述】 …………………………………………………………………… 141
【预备知识】 …………………………………………………………………… 141
【任务实施】 …………………………………………………………………… 148
【任务评价】 …………………………………………………………………… 161

任务 4.3　弧焊机器人焊接程序编写与调试 ………………………………… 162
【任务描述】 …………………………………………………………………… 162
【预备知识】 …………………………………………………………………… 162
【任务实施】 …………………………………………………………………… 170
【拓展任务】 …………………………………………………………………… 172
【任务评价】 …………………………………………………………………… 172
【项目小结】 …………………………………………………………………… 172
【课后习题】 …………………………………………………………………… 172

项目 5　工业机器人视觉分拣工作站 …………………………………………… 175

【项目导入】 …………………………………………………………………… 175
【项目目标】 …………………………………………………………………… 175
【项目描述】 …………………………………………………………………… 176
【学习指南】 …………………………………………………………………… 176

任务 5.1　视觉检测的工作原理 ……………………………………………… 177
【任务描述】 …………………………………………………………………… 177
【预备知识】 …………………………………………………………………… 177
【任务实施】 …………………………………………………………………… 177
【任务评价】 …………………………………………………………………… 179

任务 5.2　视觉系统的流程编辑 ……………………………………………… 180
【任务描述】 …………………………………………………………………… 180

【预备知识】 …………………………………………………………………… 180
　　【任务实施】 …………………………………………………………………… 182
　　【任务评价】 …………………………………………………………………… 189
　任务5.3　工业机器人与视觉系统的通信配置与调试 ……………………………… 189
　　【任务描述】 …………………………………………………………………… 189
　　【预备知识】 …………………………………………………………………… 190
　　【任务实施】 …………………………………………………………………… 191
　　【拓展任务】 …………………………………………………………………… 196
　　【任务评价】 …………………………………………………………………… 196
　　【项目小结】 …………………………………………………………………… 197
　　【课后习题】 …………………………………………………………………… 197

项目6　工业机器人常见故障诊断处理与运行维护 …………………………… 200

　　【项目导入】 …………………………………………………………………… 200
　　【项目目标】 …………………………………………………………………… 200
　　【项目描述】 …………………………………………………………………… 201
　　【学习指南】 …………………………………………………………………… 201
　任务6.1　工业机器人关节校准 ……………………………………………………… 202
　　【任务描述】 …………………………………………………………………… 202
　　【预备知识】 …………………………………………………………………… 202
　　【任务实施】 …………………………………………………………………… 205
　　【任务评价】 …………………………………………………………………… 210
　任务6.2　工业机器人常见故障与处理 ……………………………………………… 211
　　【任务描述】 …………………………………………………………………… 211
　　【预备知识】 …………………………………………………………………… 211
　　【任务实施】 …………………………………………………………………… 212
　　【任务评价】 …………………………………………………………………… 215
　　【项目小结】 …………………………………………………………………… 216
　　【课后习题】 …………………………………………………………………… 216

项目 1　手动操纵工业机器人

项目导入

在本项目中，首先通过启动工业机器人任务，学习工业机器人的系统组成及设备上电操作，了解机器人技术的发展对科学制造的影响，思考机器人技术的发展方向和对社会的影响，明确作为机器人操作人员的社会责任，确保机器人的安全运行，并具备保护自己和他人的安全的能力；其次通过手动控制机器人运动任务，学习使用机器人示教器操纵机器人分别实现单轴、线性、重定位运动；最后学习微动控制及其设置方法，实现机器人示教过程的精准控制。

安全操作是确保安全生产的关键。严格遵守操作规程、正确使用设备并加强培训和意识教育可以降低事故风险，保障设备操作人员的生命安全和身体健康；通过不断认真地练习精准操作设备，尽可能使设备精准地运动到设定位置，可以实现对能源消耗精准控制，尽可能减少资源的浪费和环境的污染，实现可持续发展。

项目目标

学习目标	知识目标： 1. 了解示教器的各按键功能； 2. 了解机器人控制柜各按键的功能； 3. 掌握安全标识含义与着装要求； 4. 掌握工业机器人安全操作方法； 5. 掌握机器人单轴运动方法； 6. 掌握机器人线性运动方法； 7. 掌握机器人重定位运动方法； 8. 掌握机器人增量运动控制方法。 能力目标： 1. 能根据现场安全标识进行着装； 2. 能独立完成机器人控制柜的电源开启与关闭操作； 3. 能通过单轴运动方式操纵机器人运动至特定位置； 4. 能通过线性运动方式操纵机器人运动至指定点； 5. 能通过重定位运动方式控制机器人完成特定姿态； 6. 能使用增量运动方式精准控制机器人姿态。 素养目标： 1. 通过安全作业规范，培养学生的安全操作意识； 2. 通过设备的精准操作，培养学生规范的职业行为和习惯； 3. 使学生养成执行工作严谨认真的态度

续表

知识重点	1. 工业机器人系统启动规范操作； 2. 机器人单轴运动； 3. 机器人线性运动； 4. 机器人重定位运动
知识难点	ABB 机器人增量运动
建议学时	4
实训任务	任务 1.1 启动工业机器人； 任务 1.2 手动控制机器人运动

项目描述

通过本项目学习，可熟悉工业机器人安全启动、着装等安全操作事项，并能规范地通过示教器控制机器人运动。

标准对接：

项目技能对应的国家职业技能标准和 1 + X 证书标准，见表 1 – 1 和表 1 – 2。

表 1 – 1　对应国家职业技能标准

序号	国家职业技能标准	对应职业等级证书技能要求
1	工业机器人系统操作员（2020 年版）	3.1.1 能使机器人上电、复位，进入准备（Ready）状态（中级工）； 3.1.2 能使用示教器设定机器人系统语言、用户权限、用户信息（中级工）； 3.3.1 能读懂机器人安全标识（中级工）； 3.3.2 能判断机器人系统危险状况，采取急停操作等安全防护措施（中级工）； 3.3.4 能识读机器人安全运行机制的相关指导文件（中级工）
2	工业机器人系统运维员（2020 年版）	1.1.1 能检查工业机器人本体外观； 1.1.8 能检查工业机器人安全标识等信息标签； 3.1.2 能使用工业机器人控制柜面板和示教器对工业机器人进行开关机、启动、停止、暂停、复位、解除报警、紧急停止等操作（中级工）

表 1 – 2　对应 1 + X 证书标准

序号	1 + X 证书标准	对应证书职业技能等级标准
1	1 + X 证书《工业机器人应用编程》（2021 年版）	1.1 工业机器人运行参数设置（初级）； 2.1 工业机器人手动操作（初级）

学习指南

项目1内容框架如图1-1所示。

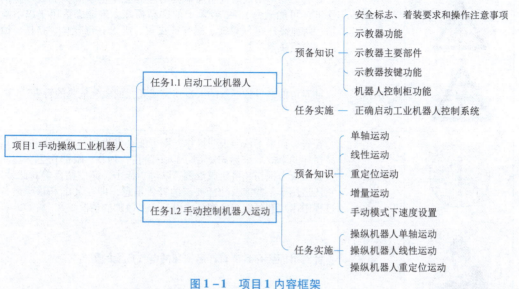

图1-1 项目1内容框架

任务1.1 启动工业机器人

任务描述

进入机器人工作区域启动工业机器人之前,操作人员需要穿戴好工作服、安全鞋和安全帽,根据工业机器人实训工位的安全操作要求,了解与工业机器人操作相关的安全标志,掌握工业机器人操作过程中需要注意的安全事项,掌握设备操作过程中的安全措施。

预备知识

1. 安全标志、着装要求和操作注意事项

表1-3中给出了ABB机器人操作人员手册中定义的危险标志。

表1-3 ABB机器人危险标志

标志	名称	含义
⚠	危险	警告,如果不依照说明操作,就会发生事故,并导致严重或致命的人员伤害和/或严重的产品损坏。该标志适用于以下险情:触碰高压电气装置、爆炸或火灾、有毒气体、压轧、撞击和从高处跌落等

项目1 手动操纵工业机器人 3

续表

标志	名称	含义
⚠	警告	警告，如果不依照说明操作，则可能会发生事故，造成严重的伤害（可能致命）和/或重大的产品损坏。该标志适用于以下险情：触碰高压电气单元、爆炸或火灾、吸入有毒气体、挤压、撞击、高空坠落等
⚡	电击	针对可能会导致严重的人身伤害或死亡的电气危险的警告
❗	小心	警告，如果不依照说明操作，则可能会发生能造成伤害和/或产品损坏的事故。该标志适用于以下险情：灼伤、眼部伤害、皮肤伤害、听力损伤、挤压或滑倒、跌倒、撞击、高空坠落等。此外，它还适用于某些涉及功能要求的警告消息，即在装配和移除设备过程中出现有可能损坏产品或引起产品故障的情况
ESD	静电放电（ESD）	针对可能会导致严重产品损坏的电气危险的警告
ℹ	注意	描述重要的事实和条件
💡	提示	描述从何处查找附加信息或如何以更简单的方式进行操作

图1-2所示为ABB机器人操作手册中安全着装与安全帽佩戴要求。

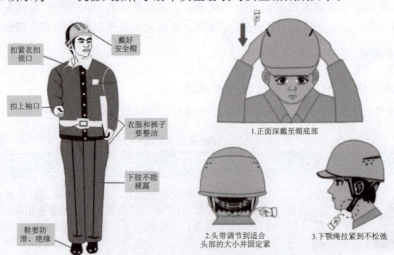

图1-2　安全着装与安全帽佩戴要求

（1）穿着匹配作业内容的工作服：要求紧扣领口、扣上袖口、下肢不能裸露；

（2）正确佩戴安全帽：正面深戴至帽顶，头带调节到合适头部大小并固定紧，下颚绳拉紧到不松弛；

（3）穿着安全鞋：安全鞋须具备防滑及绝缘功能。

表1-4中给出了ABB机器人操作人员手册中阐述的安全操作注意事项。

表1-4 ABB机器人安全操作注意事项

安全操作警示标志	含义	注意事项
	关闭总电源	在进行机器人的安装、维修和保养时，切记要将总电源关闭。带电作业可能会产生致命性后果，如不慎遭高压电击可能会导致心搏停止、烧伤或其他严重伤害
	与机器人保持足够的安全距离	在调试与运行机器人时，机器人可能会执行一些意外或不规范的运动，并且所有的运动都会产生很大的力量，从而严重伤害个人和/或损坏机器人工作范围内的任何设备。因此，必须时刻与机器人保持足够的安全距离
	静电放电危险	静电放电（electrostatic discharge，ESD）是电势不同的两个物体间的静电传导，它可以通过直接接触传导，也可以通过感应电场传导。搬运部件或部件容器时，未接地的人员可能会传导大量静电荷，这一放电过程可能会损坏敏感的电子设备。因此，有此标识的情况下，要做好静电放电防护
	紧急停止	紧急停止优先于任何机器人的控制操作，它会断开机器人电机的驱动电源，停止所有运转部件并切断由机器人系统控制且存在潜在危险的功能部件的电源
	灭火	发生火灾时，请确保全体人员安全撤离后再行灭火，应首先处理受伤人员。当电气设备（如机器人或控制器）起火时使用二氧化碳灭火器，切勿使用水基型灭火器或泡沫灭火器
	工作中的安全	机器人虽然速度慢，但是重且力度大，运动中的停顿或停止都会产生危险。即使可以预测运动轨迹，但外部信号有可能使其改变操作，在没有任何警告的情况下，产生意想不到的运动。因此，当进入保护空间时，务必遵循所有安全条例
	手动模式下的安全	在手动减速模式下，机器人只能减速（250 mm/s或更慢）操作（移动）。只要操作人员在安全保护空间内工作，就应始终以手动减速模式进行操作。在手动全速模式下，机器人以程序预设速度移动。手动全速模式应仅用于所有人员都位于安全保护空间之外时，而且操作人员必须经过特殊训练，深知潜在危险

安全操作警示标志	含义	注意事项
⚠	自动模式下的安全	用于生产中运行机器人程序。在自动模式下，常规模式停止（general stop，GS）机制、自动模式停止（auto stop，AS）机制和上级停止（superior stop，SS）机制都将处于活动状态

2. 示教器功能

ABB 机器人示教器 FlexPendant 是一款手持式操作装置，用于在操作机器人时执行多项任务：运行程序、增量运动控制机械手、修改程序等。该示教器也可在恶劣的工业环境下持续运作，其触摸屏易于清洁，且防水、防油、防意外焊接飞溅物。

FlexPendant 本身就是一台完整的计算机，由软件和硬件组成，通过集成线缆和接头连接到机器人控制器。

3. 示教器主要部件

图 1-3 所示为 ABB 机器人示教器 FlexPendant。

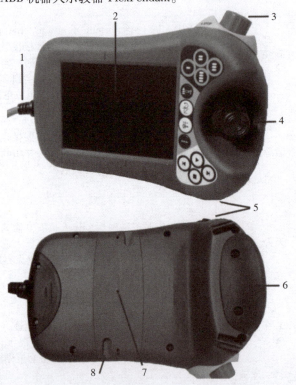

图 1-3 ABB 机器人示教器 FlexPendant

1—连接器；2—触摸屏；3—紧急停止按键；4—操纵杆；5—USB 端口；6—三位使能按键；
7—重置按键；8—触摸笔

其中，操纵杆主要用于控制机器人本体各轴的移动，通过拨动摇杆，机器人可以实现单轴运动、线性运动、重定位运动；三位使能按键（以下简称使能按键）是手动操作的，必须将按键按下一半才能激活,在完全按下和完全弹出位置是无法操作机器人的,如图1-4所示。

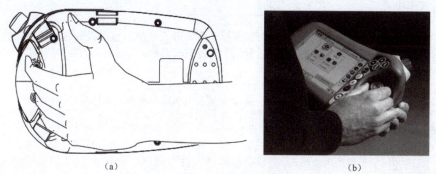

图1-4　使能按键操作示意

(1) 完全按下位置:将系统切换至防护装置停止状态,如图1-5所示。

(2) 轻按至中间位置:将系统切换至电机上电状态,如图1-6所示。

(3) 完全弹出位置:将系统切换至防护装置停止状态,如图1-5所示。

图1-5　防护装置停止状态

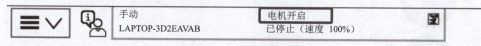

图1-6　电机开启状态

小贴士

为确保示教器使用安全,必须执行以下操作。

(1) 任何时候都必须保证使能按键正常工作。

(2) 在编程和测试过程中,机器人无须移动时必须尽快释放三位使能按键。

(3) 任何人进入机器人工作空间都必须随身携带示教器,防止他人在其不知情的情况下控制机器人。

4. 示教器按键功能

示教器主要按键如图1-7所示,其功能见表1-5。

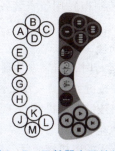

图1-7　示教器主要按键

项目1　手动操纵工业机器人　■　7

表 1-5 示教器主要按键功能

符号	图标	含义	功能
A～D	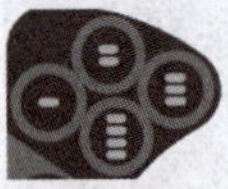	预设	需要操作人员进入控制面板设置的自定义键，操作人员可根据个人习惯或工种需要设定它们各自的功能
E		切换机械单元	通常情况下用于切换机器人本体与外部轴
F		切换运动模式	用于在"线性"与"重定位"模式之间切换，按一下按键会选择"线性"模式，再按一下会切换成"重定位"模式
G		切换轴模式	用于在 1～3 轴与 4～6 轴模式之间切换，按一下按键会选择 1～3 轴模式，再按一下会选择 4～6 轴运动模式
H		切换增量	按一下按键切换成"有增量"模式（增量大小在手动操纵中设置），再按一下切换成"无增量"模式
J		Step BACKWARD（步退）	按此按键，可使程序后退至上一条指令
K		START（启动）	按此按键，开始执行程序
L		Step FORWARD（步进）	按此按键，可使程序前进至下一条指令
M		STOP（停止）	按此按键，停止执行程序

5. 机器人控制柜功能

ABB 机器人控制柜（以下简称控制柜）用于安装各种控制单元、进行数据处理及存储和执行程序，是机器人系统的大脑。

控制柜按键与端口如图 1-8 所示。

（1）急停按键：当机器人通电运行时，如果发生碰撞或伤害到人身的情况，拍下急停按键，机器人紧急停止；控制柜急停按键如图 1-9 所示。当外部故障排除且确保机器人处于安全状态时，可重新按下电机开启按键，使机器人恢复正常运行。

（2）电机开启按键：显示机器人电机的工作状态，如图 1-10 所示。

按键灯常亮表示上电状态，机器人的电机被激活，准备好执行程序；按键灯快闪表示机器人未同步（未标定或计数器未更新），但电机已激活；按键灯慢闪表示至少有一种安全停止生效，电机未激活。

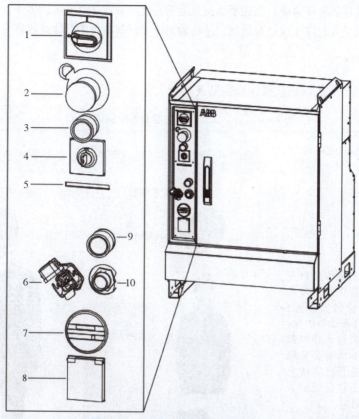

图 1-8 机器人控制柜按键与端口

1—总开关；2—急停按键；3—电机开启按键；4—模式开关；5—安全链（可选配）；
6—计算机服务端口（可选配）；7—负荷计时器（可选配）；8—服务插口 115/230 V，200 W（可选配）；
9—Hot plug 按键；10—FlexPendant（示教器）连接器

（3）模式开关：模式开关有自动、低速手动和全速手动模式，如图 1-10 所示。

图 1-9 控制柜急停按键

图 1-10 控制柜电机开启按键与模式开关

项目1 手动操纵工业机器人 9

在自动模式下，以全速方式运行程序，一般在启动和停止进程，加载、启动和停止 RAPID 程序的情况下使用；在手动模式下，机器人的移动处于人工控制，必须按下使能按键启动机器人，主要用于编程和程序验证；低速手动模式运动速度限制在 250 mm/s 以下。此外，在手动模式下每个轴的最大允许速度也有限制，这些轴的速度限制取决于具体的机器人。

任务实施

启动工业机器人控制系统操作步骤见表 1-6。

表 1-6 启动工业机器人控制系统操作步骤

操作步骤	操作说明	示意图
1	进入工位前对自身安全进行保护，按实训要求穿戴安全帽、安全工作服、防护鞋；检查机器人和机器人单元的所有必要准备工作是否已完成且机器人工作区域是否存在障碍物；进入机器人单元	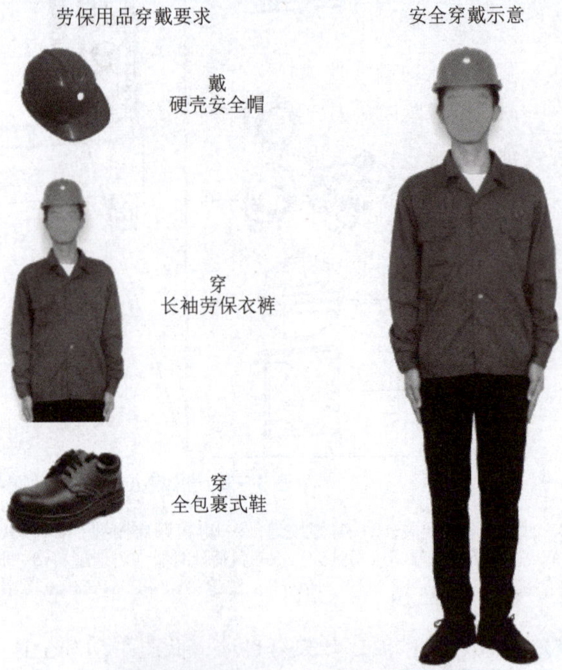 劳保用品穿戴要求（戴硬壳安全帽、穿长袖劳保衣裤、穿全包裹式鞋）　安全穿戴示意
2	顺时针转动机器人控制柜电源旋钮开关置于 ON 位置	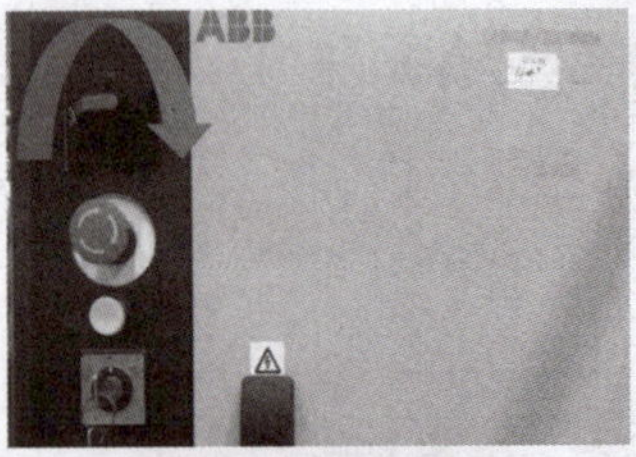
3	按下控制模块上的电机开启按键启动机器人	

任务评价

填写表 1-7。

表 1-7 任务评价表

观察清单	观察项目与标准	是否达成	观察者
职业素养	按实训要求进行安全着装		学生
	遵循控制系统设备上下电流程		学生
	实训工位定置定位摆放，严格执行 5S 管理		学生
	工位整齐、清洁		学生
	任务结束后工位进行 5S 管理		学生
	认真积极参与研讨		教师
	积极参与小组活动与任务		教师
	较好地组织团队成员分工合作		教师
专业能力	能准确描述安全着装要求		教师
	能根据安全操作警示标志描述其注意事项		教师
	能描述示教器主要部件名称以及按键功能		教师
	能简要描述控制柜各部件功能		教师
	达标数量		

任务 1.2　手动控制机器人运动

手动操纵工业机器人

任务描述

在完成工业机器人系统上电后，操作人员可以根据任务需求选择合适的运动方式控制机器人运动至目标点。本任务将学习 ABB 机器人手动控制中常用的运动方式：单轴运动、线性运动、重定位运动，以及在精准定位下使用的增量运动。

预备知识

1. 单轴运动

ABB 机器人由 6 个伺服电机分别驱动机器人的 6 个关节轴运动。因此，在手动操纵中控制其中一个关节轴运动，就称为单轴运动。机器人各关节单轴转动方向如图 1-11 所示。

2. 线性运动

机器人的线性运动是指安装在机器人法兰盘上的工具中心点（tool center point，TCP）在空间中按笛卡儿直角坐标系的方向运动。机器人线性运动方向如图 1-12 所示。

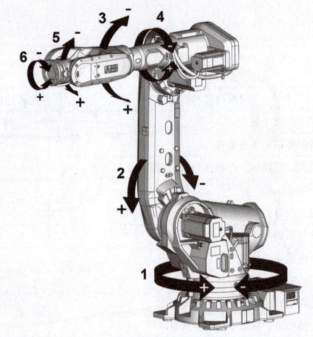

图 1-11 机器人各关节单轴转动方向

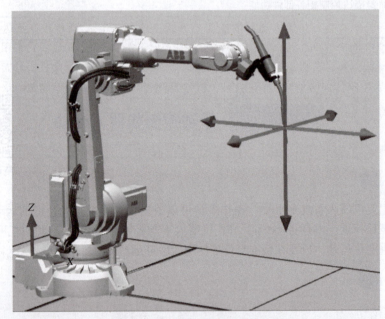

图 1-12 机器人线性运动方向

3. 重定位运动

机器人的重定位运动是指机器人法兰盘上的 TCP 在空间中绕着坐标轴旋转的运动,也可以理解为机器人绕着 TCP 做姿态调整的运动。机器人重定位运动方向如图 1-13 所示。

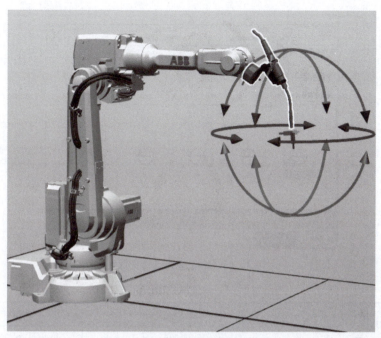

图 1-13 机器人重定位运动方向

4. 增量运动

如果使用操纵杆控制机器人运动的操作不熟练,或者机器人 TCP 即将到达目标点,需要机器人低速准确地运动,可以使用增量模式来控制机器人运动。增量模式采用增量移动对机器人进行微幅调整,可以进行非常精确的定位操作。控制杆偏转一次,机器人就移动一步(增量),如果控制杆偏转持续 1 s 或数秒,机器人就会持续移动(速率为 10 步/s)。可通过选择"手动操纵"→"增量"选项选择该模式,如图 1-14 所示。

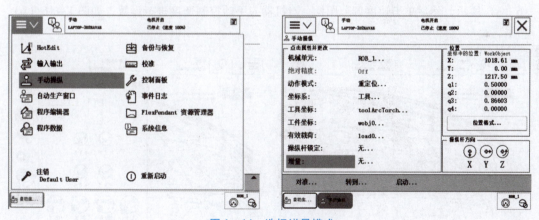

图 1-14 选择增量模式

增量模式移动距离分为"无""小""中""大"及"用户",如图 1-15 所示。增量模式移动距离见表 1-8。

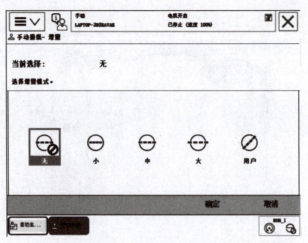

图 1-15 增量模式选择界面

表 1-8 增量模式移动距离

增量	移动距离/mm	角度/(°)
小	0.05	0.005
中	1	0.02
大	5	0.2
用户	自定义	自定义

5. 手动模式下速度设置

在手动模式下，单击主界面右下角手动调节图标后，将弹出手动调节菜单，如图 1-16（a）所示，然后单击速度调节图标，对机器人手动控制速度进行设置，如图 1-16（b）所示。

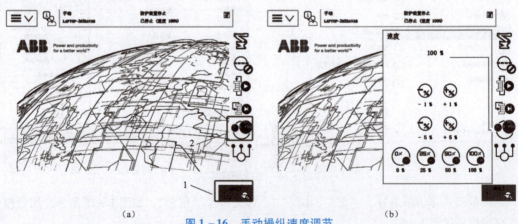

图 1-16 手动操纵速度调节
(a) 示教器主界面；(b) 速度调节界面
1—手动调节菜单图标；2—速度调节图标

任务实施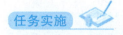

1. 操纵机器人单轴运动

操纵机器人单轴运动操作步骤见表1-9。

表1-9 操纵机器人单轴运动操作步骤

操作步骤	操作说明	示意图
1	将控制柜上模式开关切换至低速手动模式（小手标志）	
2	在状态栏中，确认机器人的状态已切换为"手动"； 单击左上角主菜单按钮	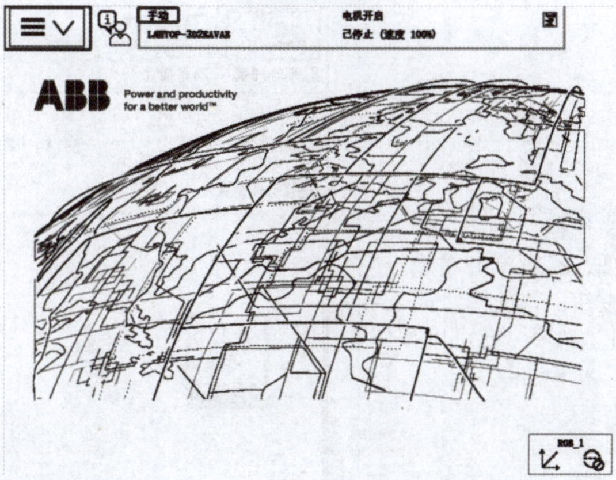
3	在主菜单界面选择"手动操纵"选项	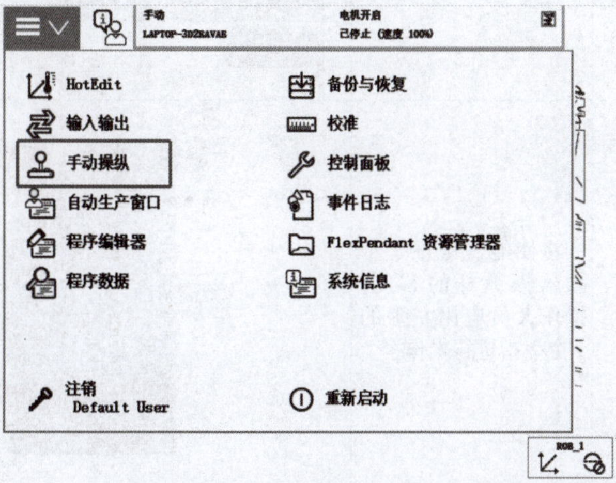

项目1 手动操纵工业机器人

续表

操作步骤	操作说明	示意图
4	选择"动作模式"选项	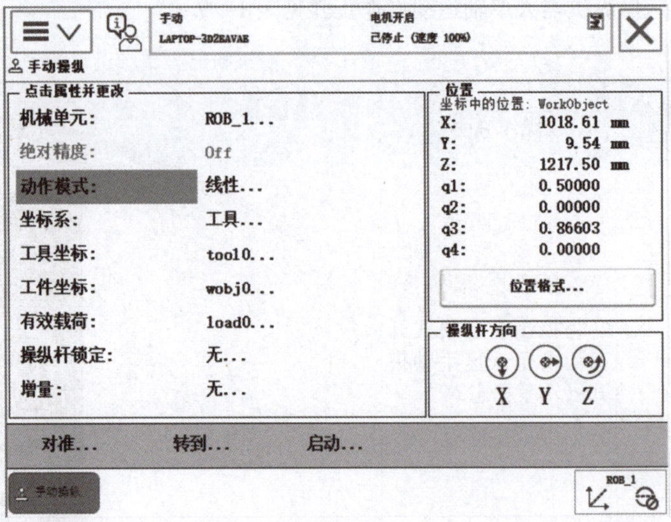
5	选择"轴1-3"选项,然后单击"确定"按钮;若选择"轴4-6"选项,就可以操纵4~6轴	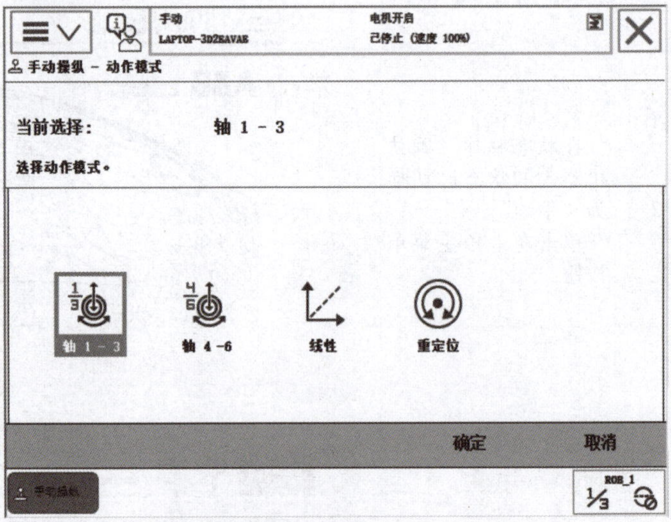
6	将使能按键置于示教器操纵杆的右侧,操作人员应用左手的4个手指进行操作	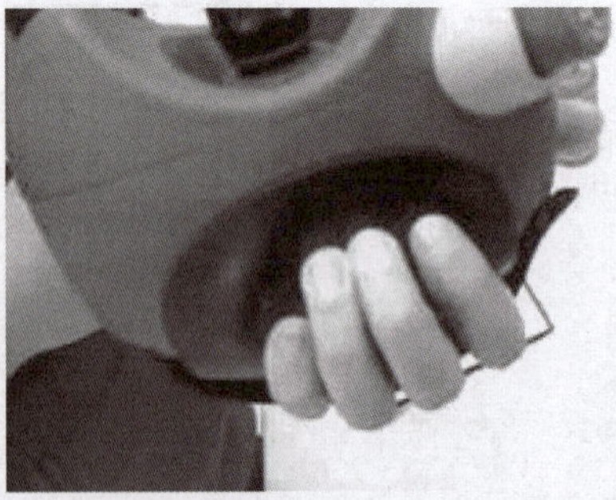

续表

操作步骤	操作说明	示意图
7	轻按使能按键，让使能按键处于中间位置，确保电机处于开启状态	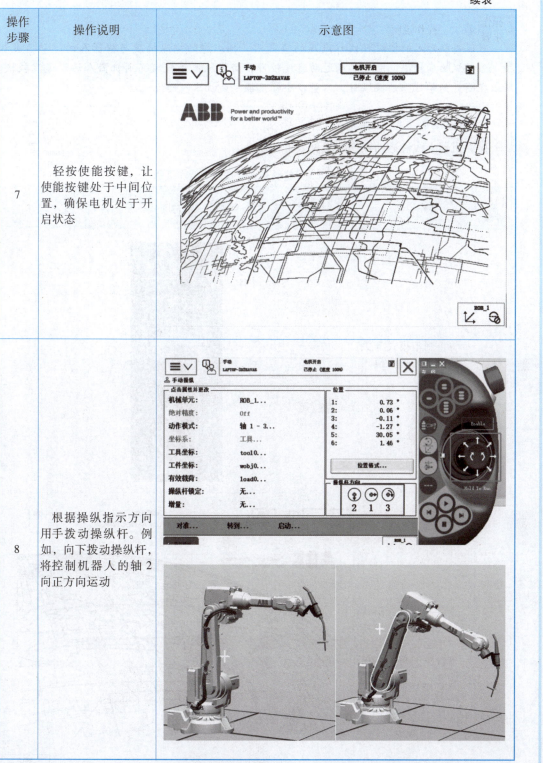
8	根据操纵指示方向用手拨动操纵杆。例如，向下拨动操纵杆，将控制机器人的轴2向正方向运动	

项目1　手动操纵工业机器人　17

小贴士

可以将机器人的操纵杆比作汽车的节气门，操纵杆的操纵幅度与机器人的运动速度相关。若操纵幅度较小，则机器人运动速度较慢；若操纵幅度较大，则机器人运动速度较快。所以在刚开始学习手动操纵时，尽量以小幅度操纵使机器人慢慢运动。

2. 操纵机器人线性运动

操纵机器人线性运动操作步骤见表 1-10。

表 1-10 操纵机器人线性运动操作步骤

操作步骤	操作说明	示意图
1	将控制柜模式开关切换至低速手动模式（小手标志）	
2	在状态栏中，确认机器人的状态已切换为"手动"； 单击左上角主菜单按钮	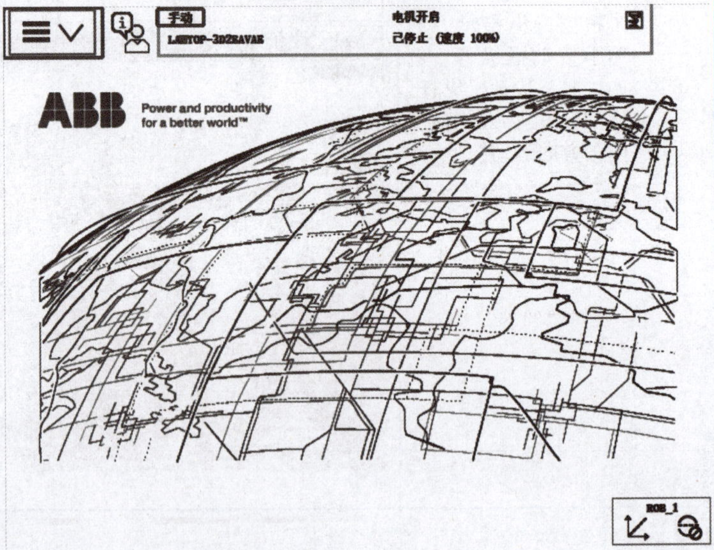

续表

操作步骤	操作说明	示意图
3	选择"手动操纵"选项	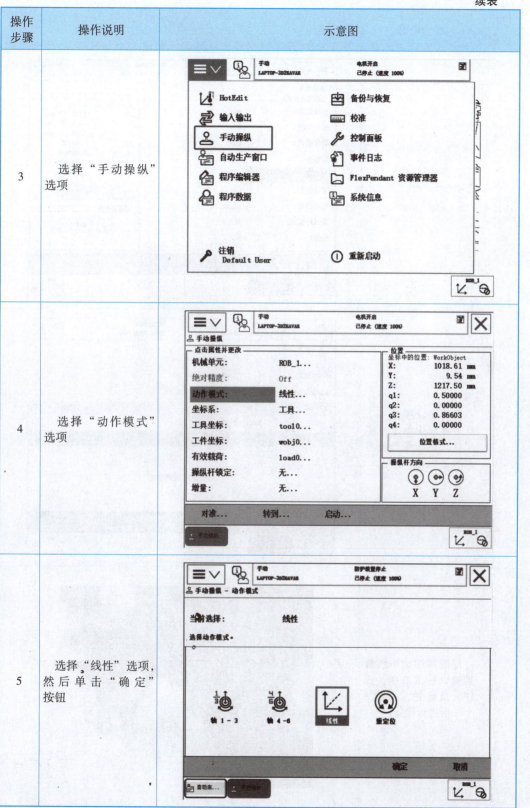
4	选择"动作模式"选项	
5	选择"线性"选项，然后单击"确定"按钮	

项目1　手动操纵工业机器人　19

续表

操作步骤	操作说明	示意图
6	选择"工具坐标"选项	
7	在"手动操纵-工具"界面中指定对应工具,并选择当前工具的工具坐标系	
8	使能按键位于示教器操纵杆的右侧,操作人员应用左手的4个手指进行操作	

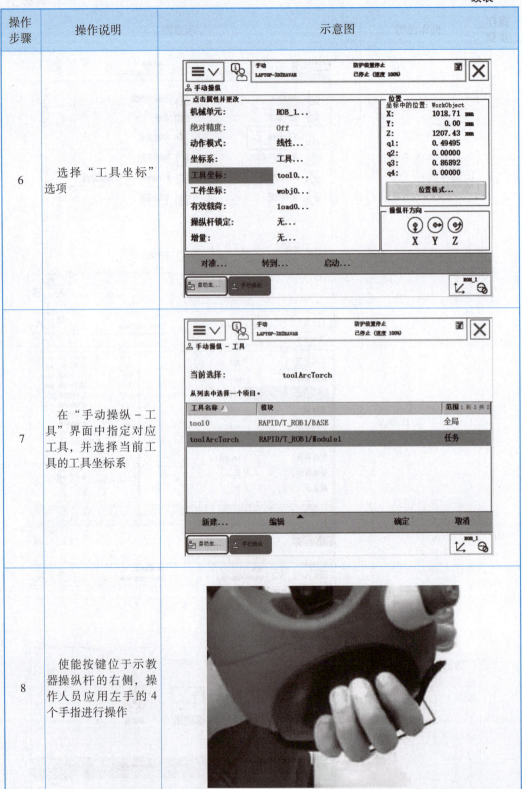

续表

操作步骤	操作说明	示意图
9	轻按使能按键，让使能按键处于中间位置，确保电机处于开启状态	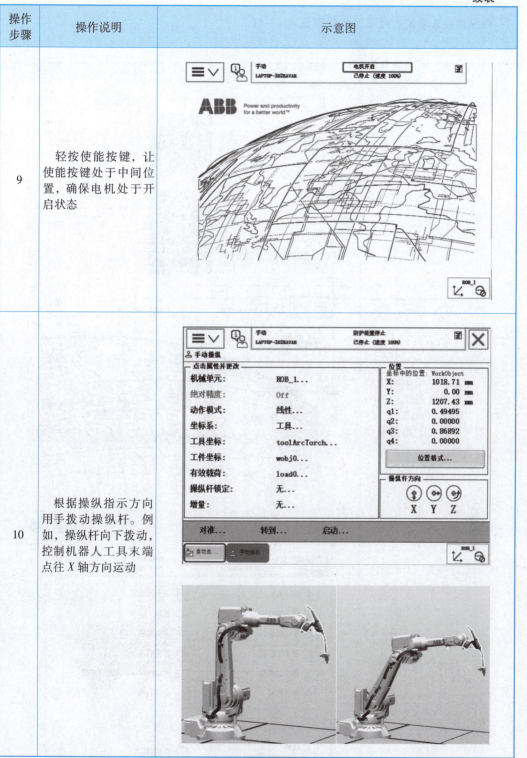
10	根据操纵指示方向用手拨动操纵杆。例如，操纵杆向下拨动，控制机器人工具末端点往 X 轴方向运动	

3. 操纵机器人重定位运动

操纵机器人重定位运动操作步骤见表 1-11。

表 1-11 操纵机器人重定位运动操作步骤

操作步骤	操作说明	示意图
1	将控制柜模式开关切换至低速手动模式（小手标志）	
2	在状态栏中确认机器人的状态已切换为"手动"； 单击左上角主菜单按钮	
3	选择"手动操纵"选项	

续表

操作步骤	操作说明	示意图
4	选择"动作模式"选项	
5	选择"重定位"选项,然后单击"确定"按钮	
6	选择"工具坐标"选项	

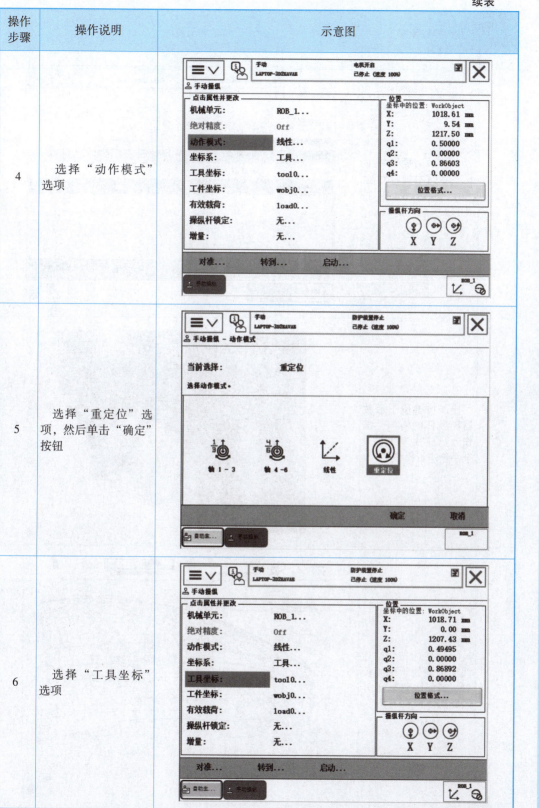

项目1 手动操纵工业机器人 23

续表

操作步骤	操作说明	示意图
7	在"手动操纵-工具"界面中指定对应工具,并选择当前工具的工具坐标系	
8	使能按键位于示教器操纵杆的右侧,操作人员应用左手的4个手指进行操作	
9	轻按使能按键,让使能按键处于中间位置,确保电机处于开启状态	

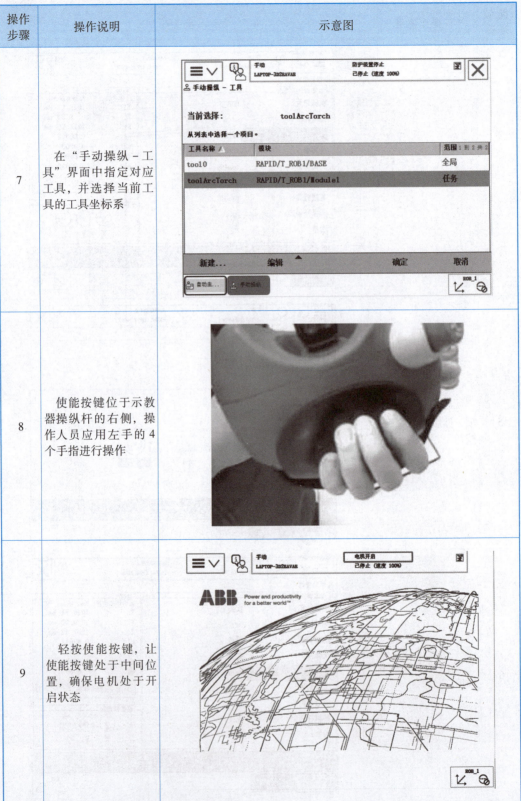

续表

操作步骤	操作说明	示意图
10	根据操纵指示方向用手拨动操纵杆。例如，操纵杆向下拨动控制机器人工具末端点绕 X 轴方向运动	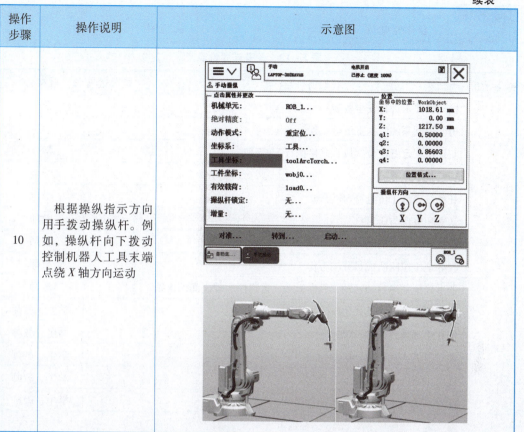

拓展任务

通过手动操纵模式与增量模式相结合，实现机器人 TCP 准确运动至工作台顶针末端点的目标，如图 1-17 所示。

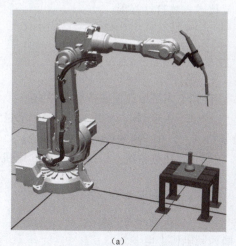
（a）

（b）

图 1-17　机器人 TCP 从原点运动至工作台顶针末端点

任务评价

填写表 1–12。

表 1–12 任务详评价表

观察清单	观察项目与标准	是否达成	观察者
职业素养	按实训要求进行安全着装		学生
	遵循控制系统设备上下电流程		学生
	实训工位定置定位摆放，严格执行 5S 管理		学生
	工位整齐、清洁		学生
	任务结束后工位进行 5S 管理		学生
	认真积极参与研讨		教师
	积极参与小组活动与任务		教师
	较好地组织团队成员分工合作		教师
专业能力	能准确地描述单轴运动、线性运动、重定位运动之间的区别		教师
	能独立完成运动模式切换		学生、教师
	能在手动模式熟练设置速度		学生、教师
	能对机器人进行单轴运动控制		学生、教师
	能对机器人进行线性运动控制		学生、教师
	能对机器人进行重定位运动控制		学生、教师
达标数量			

项目小结

通过把安全操作、安全生产、职业规范等职业素养和社会责任、环保意识等素养内容融入手动操纵工业机器人教学项目中，学生不仅能够掌握专业技能，还能够培养良好的设备操作习惯及安全操作意识，为成为全面发展的专业技术人才打好基础。

课后习题

1. 选择题

(1) 使用示教器操作机器人时，在（　　）模式下无法通过使能按键获得使能。
A. 手动　　　　　B. 自动　　　　　C. 单步调试　　　　　D. 增量

(2) 工业机器人主要由三大系统组成，分别是（　　）、传感系统和控制系统。
A. 软件系统　　　B. 机械系统　　　C. 视觉系统　　　　　D. 电机系统

(3) 机器人调试过程中，一般将其置于（　　）
A. 自动状态　　　　　　　　　　　B. 防护装置停止状态
C. 手动全速状态　　　　　　　　　D. 手动减速状态

(4) 机器人自动模式下，（　　）可以正确控制电机上电。
A. 触发一下白色的电机开启按键　　B. 按下使能按键

C. 按下程序运行按钮　　　　　　　D. 什么都不用做

（5）对机器人进行示教时，示教器上手动速度为（　　）。
  A. 高速　　　　B. 微动　　　　C. 低速　　　　D. 中速

（6）试运行是指在不改变示教模式的前提下执行模拟再现动作的功能，当机器人动作速度超过示教最高速度时，以（　　）。
  A. 程序给定的速度运行　　　　　B. 示教最高速度来限制运行
  C. 示教最低速度来运行　　　　　D. 示教最高速度来运行

（7）对机器人进行示教时，作为操作人员必须事先接受过专门的培训，与操作人员一起进行作业的监护人员，处在机器人可动范围外时，（　　），方可进行共同作业。
  A. 不需要事先接受过专门的培训　　B. 必须事先接受过专门的培训
  C. 没有事先接受过专门的培训也可以　D. 师傅教教即可

（8）示教器上使能按键握紧为ON，松开为OFF状态，当握紧用力过大时，为（　　）状态。
  A. 不变　　　　B. ON　　　　C. OFF　　　　D. 其他

（9）关于机器人操作安全，下列错误的说法是（　　）。
  A. 不要佩戴手套操作示教器
  B. 手动操纵机器人时要采用较低的速度
  C. 操作人员只要保持在机器人工作范围外，可不佩戴防具
  D. 操作人员必须经过培训上岗

（10）示教器上的快捷键不包括（　　）。
  A. 动作模式切换　　　　　　　　B. 轴切换
  C. 坐标切换　　　　　　　　　　D. 增量模式切换

2. 判断题

（1）手动操纵机器人时，示教使能按键要一直按住。（　　）
（2）最大工作速度通常指机器人单关节速度。（　　）
（3）使用示教器上的快捷键可以实现机器人/外轴运动的切换。（　　）
（4）备份功能可以保存系统参数、系统模块和程序模块。（　　）
（5）无论是手动运行还是自动运行，机器人操作都必须首先遵守安全操作规程。（　　）

3. 简答题

简要描述工业机器人主要有哪几种，各自有哪些特点。

☞ 答案

1. 选择题
（1）B　（2）B　（3）D　（4）A　（5）C　（6）B　（7）B　（8）C　（9）C
（10）C
2. 判断题
（1）√　（2）×　（3）√　（4）√　（5）√

3. 简答题

直角坐标机器人：直角坐标机器人一般为2~3个自由度运动，每个运动自由度之间的空间夹角为直角，灵活、多功能，因操作工具的不同功能也不同。高可靠性、高速度、高精度，可用于恶劣的环境，可长期工作，便于操作维修。

平面关节型机器人：平面关节型机器人又称SCARA型机器人，是圆柱坐标机器人的一种，具有精度高、动作范围较大、坐标计算简单、结构轻便、响应速度快，但是负载较小的特点。SCARA机器人主要用于电子、分拣等领域。

并联机器人：并联机器人又称DELTA机器人，是一种高速、轻载的机器人，一般通过示教编程和视觉系统捕捉目标物体，由3个并联的伺服轴确定TCP的空间位置，实现目标物体的运输、加工等操作。DELTA机器人主要应用于食品、药品和电子产品等的加工和装配。DELTA机器人因质量小、体积小、运动速度快、定位精确、成本低、效率高等特点，在市场上得到广泛应用。

串联机器人：串联机器人拥有5个或6个旋转轴，类似于人类的手臂，应用领域有装货、卸货、喷漆、表面处理、测试、测量、弧焊、点焊、包装、装配、切屑机床、固定、特种装配操作、锻造、铸造等。

项目 2　工业机器人搬运应用

项目导入

在全国各个地区的医疗产品、防护用品、生产企业的物料拣选、产线搬运中，都可以看到搬运机器人的身影。美团、京东、亚马逊、天猫等各大电子商城的物流公司都推出了无人配送方案。世界上使用的搬运机器人逾 10 万台，广泛应用于机床上下料、冲压机自动化生产线、自动装配流水线、码垛、集装箱等的自动搬运。部分发达国家已制定出人工搬运的最大限度，超过限度的必须由搬运机器人来完成。

项目目标

学习目标	**知识目标：** 1. 理解工具坐标系的作用； 2. 理解工件坐标系的作用； 3. 掌握工具数据的设定方法； 4. 掌握工件坐标的设定方法； 5. 掌握运动指令的使用方法； 6. 掌握偏移指令的使用方法； 7. 掌握程序创建与修改方法。 **能力目标：** 1. 能对机器人末端工具进行工具坐标设定； 2. 能对工作台上的工件进行工件坐标设定； 3. 能在示教器中创建与修改程序； 4. 能结合偏移和条件逻辑判断指令完成斜面搬运任务程序编写与调试。 **素养目标：** 1. 通过设定机器人坐标系，培养学生精益求精的精神； 2. 通过循环指令和偏移指令案例教学，培养学生灵活应用积极创新的精神； 3. 通过搬运程序调试，培养学生严谨操作的职业行为和习惯
知识重点	1. 工具坐标系的设定； 2. 工件坐标系的设定； 3. ABB 机器人的程序结构
知识难点	1. 工具数据的设定； 2. 循环指令的使用； 3. 偏移指令的使用； 4. 斜面搬运程序的编写与调试
建议学时	16

实训任务	任务2.1 建立机器人工具坐标系； 任务2.2 建立机器人工件坐标系； 任务3 创建机器人程序； 任务2.4 编写机器人连续搬运程序

项目描述

本项目将以某企业方形零件搬运为案例，如图2-1所示，通过搬运项目的学习，掌握机器人坐标系的建立及使用，机器人赋值指令、输入/输出（input/output，I/O）控制指令和逻辑判断指令的使用，机器人搬运程序的编写与调试，并最终实现方形零件从图2-2（a）位置按从上至下顺序搬运至图2-2（b）位置的任务。

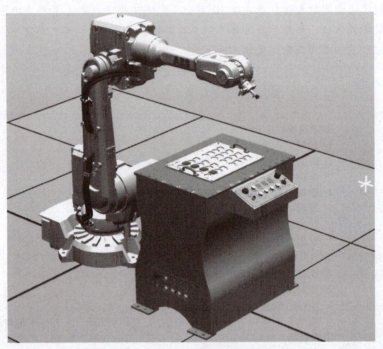

图2-1 工业机器人搬运应用

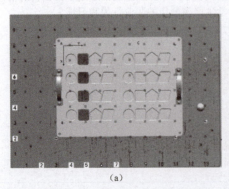 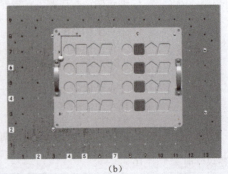

(a)　　　　　　　　　　　　　　(b)

图2-2 搬运任务示意

学习指南

项目2内容框架如图2-3所示。

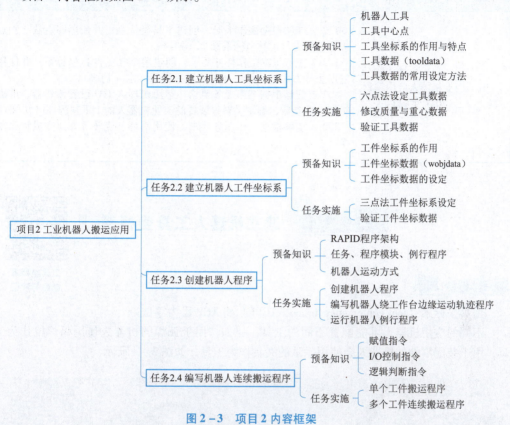

图2-3 项目2内容框架

标准对接：

项目技能对应的国家职业技能标准和1+X证书标准，见表2-1和表2-2。

表2-1 对应国家职业技能标准

序号	国家职业技能标准	对应职业等级证书技能要求
1	工业机器人系统操作员（2020年版）	3.1.8 能配置机器人输入/输出信号（中级工）； 3.2.1 能利用关节坐标系、基坐标系、工具坐标系、工件坐标系等运动坐标系操作机器人，记录和更改示教程序点（中级工）； 3.2.2 能在手动或自动模式下，控制机器人末端执行器对工件进行作业（中级工）； 3.2.3 能利用示教器编制机器人基本运动轨迹程序（中级工）； 3.2.5 能启动、暂停、停止机器人运行程序，完成单步、连续等运行操作（中级工）
2	工业机器人系统运维员（2020年版）	3.1.1 能使用操作面板对工业机器人系统进行启动、停止、解除报警、紧急停止等操作（中级工）； 3.1.3 能操作末端执行器和周边设备（中级工）； 3.1.4 能根据指定动作要求选用工业机器人坐标系和运动模式； 3.1.5 能使用示教器进行工业机器人示教再现操作（中级工）； 3.1.6 能使用示教器进行工业机器人程序调用操作（中级工）

表 2-2 对应 1+X 证书标准

序号	1+X 证书标准	对应证书职业技能等级标准
1	1+X 证书《工业机器人应用编程》（2021 年版）	1.2.2 能够根据操作手册，创建工具坐标系，并使用四点法、六点法等方法进行工具坐标系标定（初级）； 1.2.3 能够根据工作任务要求，创建用户（工件）坐标系，并使用三点法等方法进行用户（工件）坐标系标定（初级）； 3.2.1 能够根据工作任务要求，运用机器人 I/O 设置传感器、电磁阀等 I/O 参数，编制供料等装置的工业机器人的上下料程序（初级）； 2.2.3 能够根据工作任务要求，使用平移、旋转等方式完成程序变换（中级）

 建立机器人工具坐标系

工具坐标系创建与验证

任务描述

工具坐标系（tool center point frame，TCPF）将 TCP 设为零位。

不同的应用机器人可能配置不同的工具。比如，用于弧焊的机器人使用弧焊枪作为工具，用于装配零件的机器人会使用手爪的夹具作为工具，如图 2-4 所示。

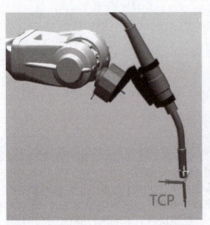 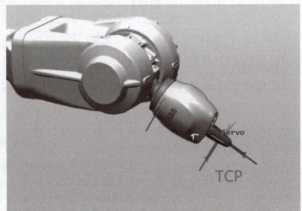

图 2-4 不同机器人末端工具配置

默认工具的 TCP 位于机器人安装法兰盘的中心，如图 2-5 所示。

在机器人执行程序时，机器人将 TCP 移动至编程位置。如果更改工具及工具坐标系，机器人的移动也将随之改变。所以机器人在法兰盘处预定一个默认共汇聚坐标系，该坐标系被称为 tool0，建立新的 TCP，根据新的工具计算出新的坐标系与 tool0 坐标系的偏移值。

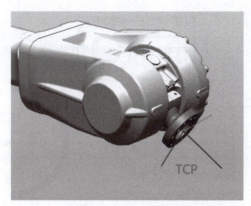

图 2-5 原始 TCP 位置

1. 机器人工具

工具是能够直接或间接安装在机器人法兰盘上，或能够装配在机器人工作范围内固定位置上的物件，如图 2-6 所示。机器人法兰盘 B 侧为机器人侧，A 侧为工具侧，在工具侧可以安装不同的机器人工具，如机器人的焊枪、吸盘等。安装在机器人上的所有工具都会用 TCP 来定义。

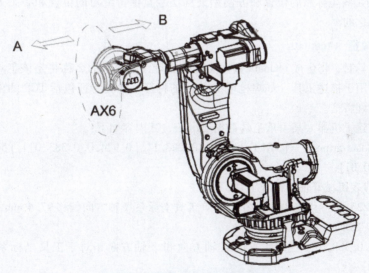

图 2-6 机器人法兰盘末端示意

2. 工具中心点

TCP 是定义所有机器人定位的参照点。通常 TCP 定义为与机器人法兰盘上的位置相对的点，其位置随机器人末端工具移动而移动，如图 2-7 所示。

3. 工具坐标系的作用与特点

1）作用

（1）确定 TCP，方便调整工具姿态。

项目 2　工业机器人搬运应用　33

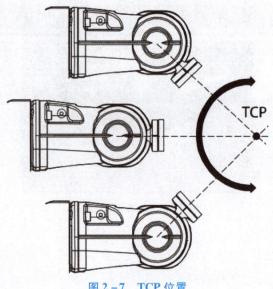

图 2-7 TCP 位置

(2) 确定工具进给方向,方便工具位置调整。

2) 特点

(1) 新的工具坐标系是相对于默认的工具坐标系变化得到的。

(2) 新的工具坐标系的位置和方向始终同法兰盘保持绝对的位置和姿态关系,但在空间上是一直变化的。

4. 工具数据（tooldata）

创建新工具时,将生成 tooldata 数据类型的变量,该变量的名称将是该工具的名称。创建的工具数据用于描述工具（如焊枪或夹具）的特征。此类特征包括 TCP 的位置和方向及工具负载的物理特征。

例如,创建了机器人某手爪工具数据 gripper,其内容如下:

PERS tooldata gripper: = [TRUE, [[97.4, 0, 223.1], [0.924, 0, 0.383, 0]], [5, [23, 0, 75], [1, 0, 0, 0], 0, 0, 0]];

TRUE:代表机械臂正夹持着工具。

[97.4,0,223.1]:代表 TCP 所在点沿着工具坐标系 X 轴方向偏移 97.4 mm,沿工具坐标系 Z 方向偏移 223.1 mm。

[0.924,0,0.383,0]:代表工具的 X 轴方向和 Z 轴方向相对于工具坐标系 Y 轴方向旋转 45°。

5:代表工具质量为 5 kg。

[23,0,75]:代表重心所在点沿着工具坐标系 X 轴方向偏移 23 mm,沿工具坐标系 Z 轴方向偏移 75 mm。

[1,0,0,0]:代表可将负载视为一个点质量,即不带转矩惯量。

5. 工具数据的常用设定方法

工具数据的常用设定方法主要有四点法、五点法、六点法,见表 2-3。

表 2-3 工具数据常用设定方法

方法名称	参考点数	功能
四点法	4	改变 tool0 的 TCP 位置，但不改变 tool0 的坐标方向
五点法	5	改变 tool0 的 TCP 位置，同时改变 tool0 的坐标 Z 轴方向
六点法	6	改变 tool0 的 TCP 位置，同时改变 tool0 的坐标 X 轴和 Z 轴方向（在焊枪的 TCP 设定中最为常用）

适当选择工具数据设定方法。
（1）在机器人工作范围内找一个非常精确的固定点作为参考点。
（2）在工具上确定一个参考点（最好是 TCP）。
（3）通过在项目 1 学习的手动操纵机器人的方法，移动工具上的参考点，以最少 4 种不同的机器人姿态尽可能与固定点刚好触碰上。若使用四点法，机器人就可以通过这 4 个点的位置数据计算求得 TCP 的数据，然后将 TCP 的数据保存在 tooldata 这个程序数据中被程序调用。
（4）若使用的是六点法，则第四点是工具的参考点垂直于固定点，第五点是工具参考点从固定点向将要设定为 TCP 的 X 轴方向移动，第六点是工具参考点从固定点向将要设定为 TCP 的 Z 轴方向移动。

小贴士
在操纵机器人时可以调整关节 4、关节 5、关节 6 的转动角度使前三个点姿态相差尽量大一些，这样有利于提高 TCP 精度。

任务实施

1. 六点法设定工具数据

六点法设定工具数据操作方法见表 2-4。

表 2-4 六点法设定工具数据操作方法

操作步骤	操作说明	示意图
1	单击左上角菜单按钮，选择"手动操纵"选项	

续表

操作步骤	操作说明	示意图
2	选择"工具坐标"选项	
3	在"手动操纵-工具"界面中对当前工具新建一个工具数据,单击"新建"按钮	
4	在"名称"文本框中输入当前工具名称并在其他下拉列表框中选择工具数据的范围、存储类型等属性;完成属性设置后单击"确定"按钮	

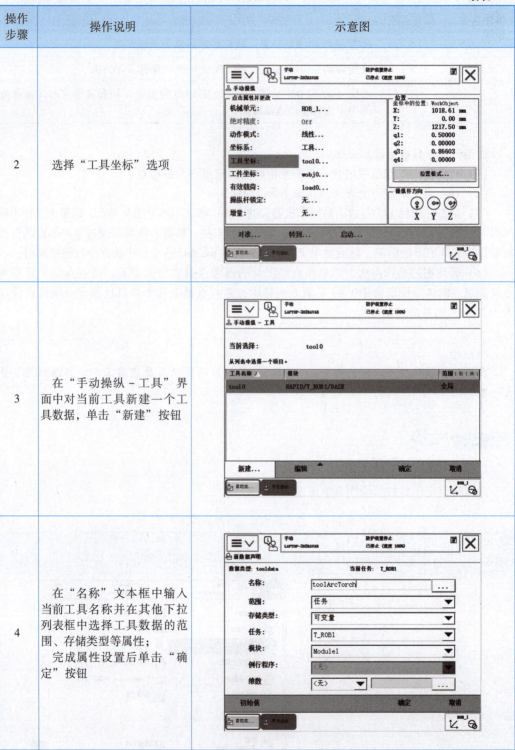

36　工业机器人典型应用与维护

续表

操作步骤	操作说明	示意图
5	此时将根据刚才设置的工具属性生成一个新的工具数据，选择该数据 toolArcTorch 选项，单击"编辑"按钮，选择"定义"选项进行 TCP 数据设定	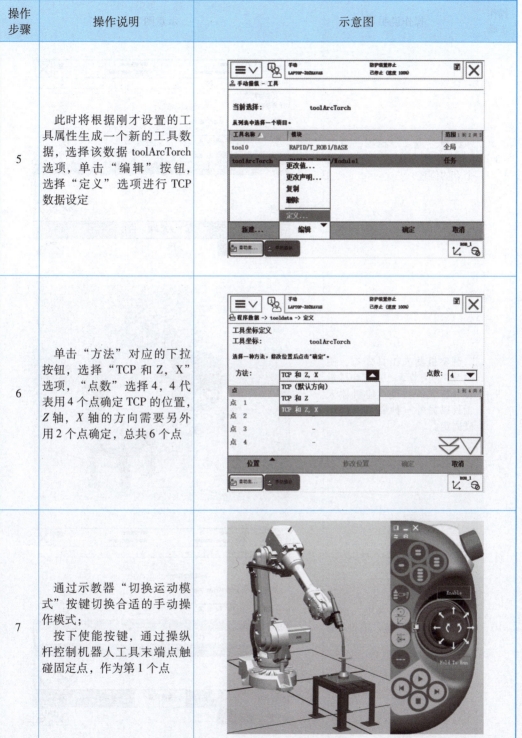
6	单击"方法"对应的下拉按钮，选择"TCP 和 Z, X"选项，"点数"选择 4, 4 代表用 4 个点确定 TCP 的位置，Z 轴，X 轴的方向需要另外用 2 个点确定，总共 6 个点	
7	通过示教器"切换运动模式"按键切换合适的手动操作模式； 按下使能按键，通过操纵杆控制机器人工具末端点触碰固定点，作为第 1 个点	

项目 2　工业机器人搬运应用　37

续表

操作步骤	操作说明	示意图
8	选择"点1"选项，单击"修改位置"按钮，记录第1个点的位置	
9	调整机器人工具姿态，使关节4、关节5、关节6尽量转动较大的角度，让机器人工具以另外一种姿态再次触碰固定点	
10	选择"点2"选项，单击"修改位置"按钮，记录第2个点的位置	

续表

操作步骤	操作说明	示意图
11	调整机器人工具姿态，使关节4、关节5、关节6尽量转动较大的角度，让机器人工具以另外一种姿态再次触碰固定点	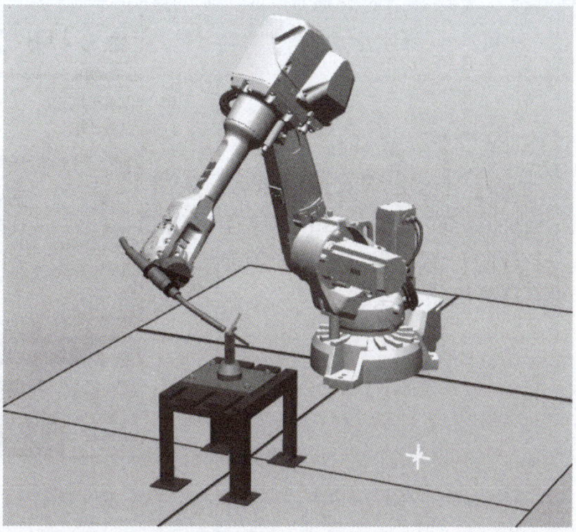
12	选择"点3"选项，单击"修改位置"按钮，记录第3个点的位置	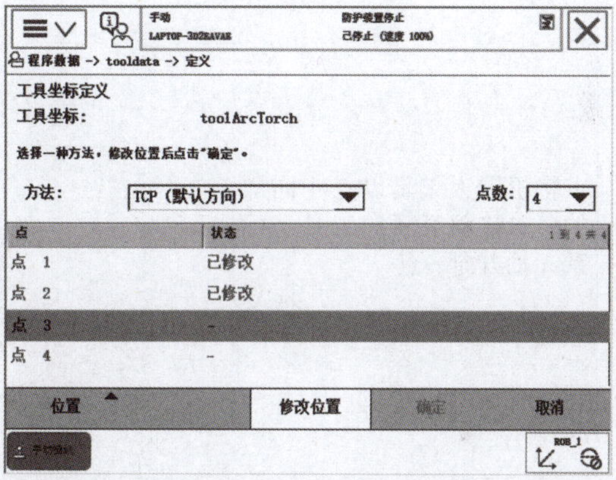
13	调整机器人工具姿态，让工具的轴线垂直于新的工具坐标系平面	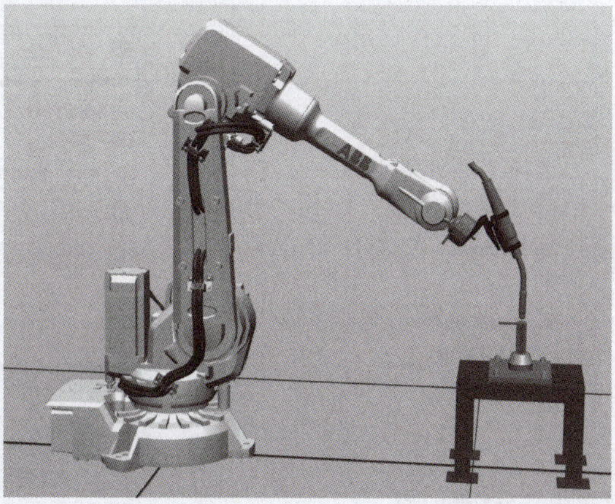

项目2　工业机器人搬运应用

续表

操作步骤	操作说明	示意图
14	选择"点4"选项，单击"修改位置"按钮，记录第4个点的位置，此点作为建立工具坐标系原点参考	
15	将机器人工具以点4同样的姿态移动至新的工具坐标系X轴方向一点	
16	选择"延伸器点X"选项，单击"修改位置"按钮，并将延伸器点X坐标值记录下来； 将机器人移动至点4位置并保持同样的姿态	

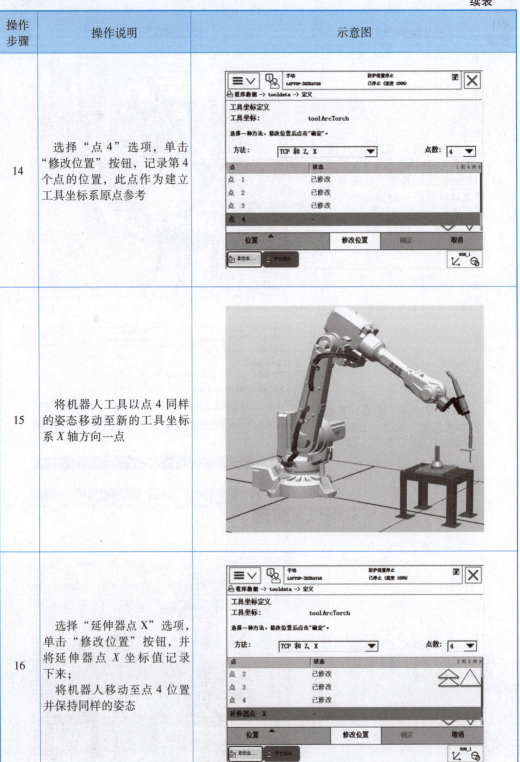

续表

操作步骤	操作说明	示意图
17	将机器人工具以点4同样的姿态移动至新的工具坐标系Z轴方向一点	
18	选择"延伸器点Z"选项，单击"修改位置"按钮，并将延伸器点Z坐标值记录下来	
19	单击"确定"按钮，完成新的工具坐标系的TCP偏移距离及工具坐标系坐标轴方向的设定	

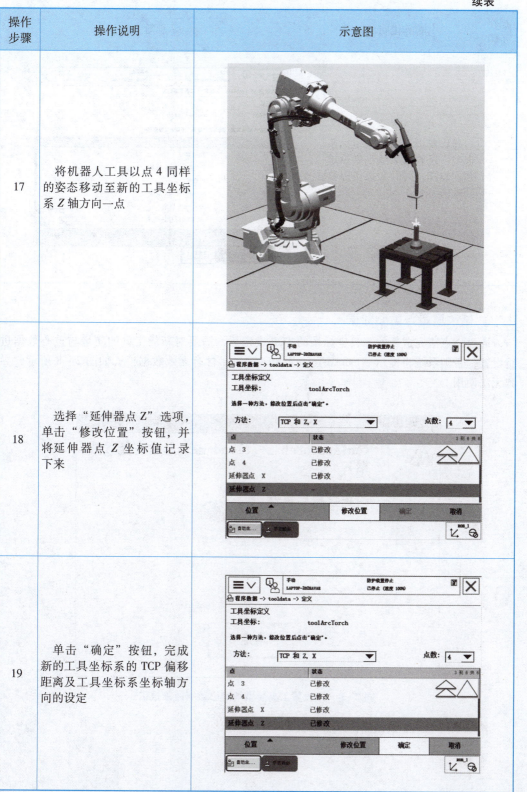

项目2 工业机器人搬运应用 41

操作步骤	操作说明	示意图
20	确认新设定的工具坐标系误差，误差结果越小则设定精度越高，同时要以实际验证效果为准	（计算结果示意图：工具坐标 toolArcTorch；方法 ToolXZ；最大误差 0.0008412156 毫米；最小误差 0 毫米；平均误差 0.0005196948 毫米；X 119.4986 毫米；Y -0.0009173725 毫米）

2. 修改质量与重心数据

通过六点法完成新的工具坐标系的 TCP 设定后，需要对新的工具的质量与重心数据进行设置，否则系统将提示 "toolArcTorch's "tload.mass"含有无效数据！"，如图 2-8 所示，导致无法使用。

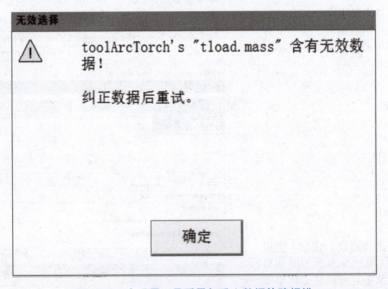

图 2-8 未设置工具质量与重心数据故障报错

修改质量与重心数据操作方法见表 2-5。

表 2-5 修改质量与重心数据操作方法

操作步骤	操作说明	示意图
1	选择之前新建的 toolArcTorch 选项，然后单击"编辑"按钮选择"更改值"选项	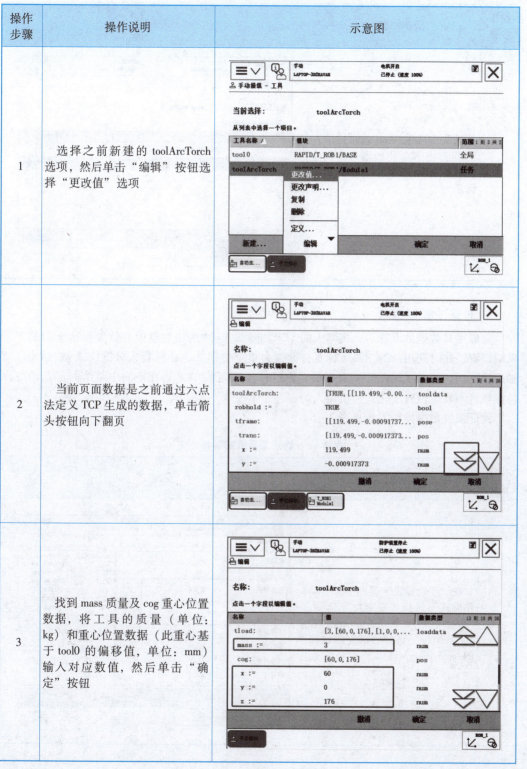
2	当前页面数据是之前通过六点法定义 TCP 生成的数据，单击箭头按钮向下翻页	
3	找到 mass 质量及 cog 重心位置数据，将工具的质量（单位：kg）和重心位置数据（此重心基于 tool0 的偏移值，单位：mm）输入对应数值，然后单击"确定"按钮	

项目 2　工业机器人搬运应用　43

操作步骤	操作说明	示意图
4	选择 toolArcTorch 选项，单击"确定"按钮，将机器人工具坐标系切换为当前设定的工具坐标系	

3. 验证工具数据

完成工具数据的设置后，机器人的 TCP 由原来 tool0 的法兰盘中心位置偏移至新的工具末端位置，此时选用新的工具坐标系并设置为重定位模式，让机器人分别绕 X 轴、Y 轴、Z 轴旋转运动，若六点法设置 TCP 准确，则可以看到新的 TCP 将在空间中某个固定点始终保持接触且不发生位置变化，但机器人的姿态发生改变。

验证工具数据操作方法见表 2-6。

表 2-6 验证工具数据操作方法

操作步骤	操作说明	示意图
1	在"手动操纵"界面中的"动作模式"选择"重定位"选项，"坐标系"选择"工具"选项，"工具坐标"选择当前完成设定的 toolArcTorch 选项	

续表

操作步骤	操作说明	示意图
2	按下示教器使能按键，通过操纵杆控制机器人工具移动至固定点； 在重定位模式下手动操纵机器人，若 TCP 设定精确，那么机器人虽然姿态发生变化，但工具参考点和固定点始终保持接触	

拓展任务

以图 2-9 中搬运薄板的真空吸盘工具为例，该工具质量是 25 kg，重心在默认 tool0 的 Z 轴正方向偏移 250 mm，TCP 点设定在吸盘的接触面上，从默认 tool0 上的 Z 轴正方向偏移了 300 mm。请通过新建工具数据的方法对此工具创建新的工具数据并命名为 toolVacuum，并将表 2-7 操作步骤中的操作说明或示意图补充完整。

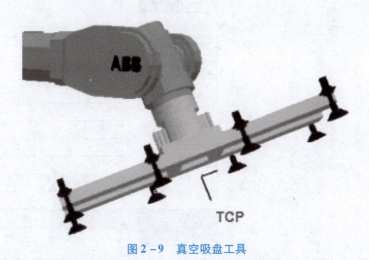

图 2-9 真空吸盘工具

表 2-7 设定真空吸盘工具数据操作方法

操作步骤	操作说明	示意图
1		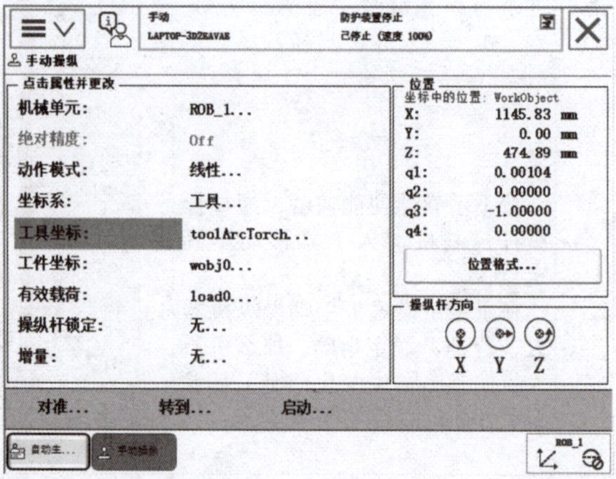
2		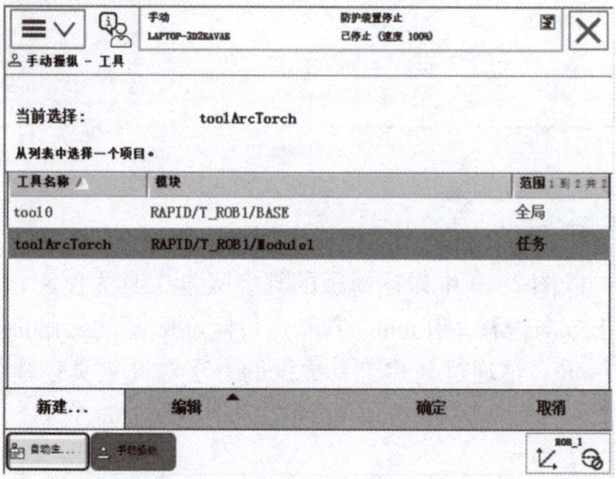
3		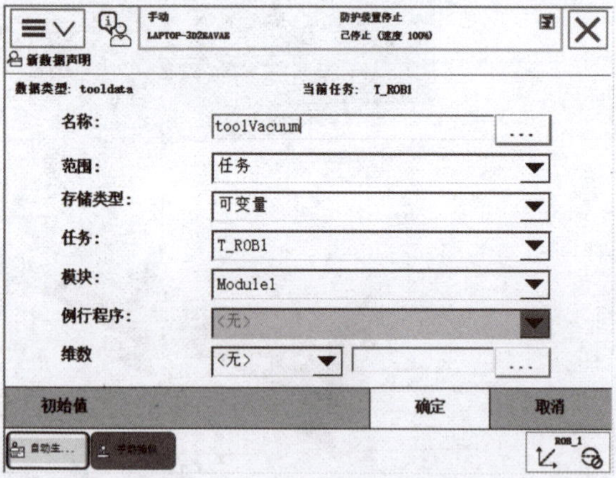

46 ■ 工业机器人典型应用与维护

续表

操作步骤	操作说明	示意图
4	选择新建的 toolVacuum 选项，然后单击"编辑"按钮选择"更改值"选项	
5		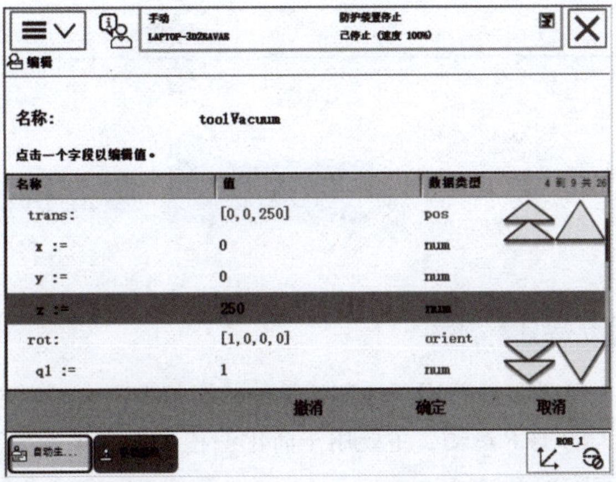 编辑界面显示：名称：toolVacuum，trans: [0, 0, 250]，x := 0，y := 0，z := 250，rot: [1, 0, 0, 0]，q1 := 1
6	找到 mass 质量及 cog 重心位置数据，根据数据工具的质量（单位：kg）和重心位置数据（此重心基于 tool0 的偏移值，单位：mm）输入对应数值，然后单击"确定"按钮	

任务评价

填写表 2-8。

表 2-8 任务评价表

观察清单	观察项目与标准	是否达成	观察者
职业素养	按实训要求进行安全着装		学生
	遵循控制系统设备上下电流程		学生
	实训工位定置定位摆放，严格执行 5S 管理		学生
	工位整齐、清洁		学生
	任务结束后工位进行 5S 管理		学生
	认真积极参与研讨		教师
	积极参与小组活动与任务		教师
	较好地组织团队成员分工合作		教师

续表

观察清单	观察项目与标准	是否达成	观察者
专业能力	能准确表述工具坐标系作用		教师
	能复述工具数据各个数据的含义		教师
	能独立对机器人工具坐标系进行六点法设定		学生、教师
	能对设定的工具数据进行验证		学生、教师
	达标数量		

任务2.2　建立机器人工件坐标系

工件坐标系创建与验证

任务描述

工件坐标系用于确定工件的位置与方向，是以工件为基准的直角坐标系，可用于描述机器人的 TCP 运动，主要用于简化编程，提高编程效率。本任务将完成工作台的工件坐标系数据设定。

预备知识

1. 工件坐标系的作用

假设图 2 – 10 中，A 是机器人的大地坐标系，为了方便编程，为第一个工件建立了一个工件坐标系 B，并根据这个工件坐标系 B 进行轨迹编程。如果工作台上还有一个一样的工件需要走一样的轨迹，那么在此基础上只需要再建立一个工件坐标系 C，将工件坐标系 B 中的轨迹复制一份，最后将工件坐标系从 B 更新为 C，就无须对一样的工件重复地进行轨迹编程。

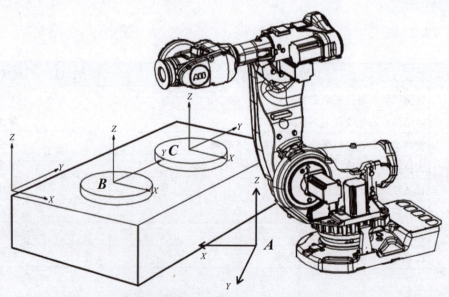

图 2 – 10　利用工件坐标系复制轨迹

如图 2-11 所示，在工件坐标系 **B** 中对对象 A 进行了轨迹编程。如果工件坐标系的位置和方向变化成工件坐标系 **D** 后，只需在机器人系统重新定义工件坐标系 **D**，则机器人的轨迹就自动更新到 C，不需要再次编程。因为对象 A 相对于坐标系 **B** 与对象 C 相对于坐标系 **D** 的关系是一样，并没有因为整体偏移而发生变化。

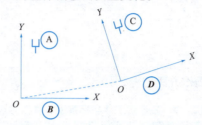

图 2-11 利用工件坐标系对偏移工件编程

2. 工件坐标数据（wobjdata）

创建新的工件坐标系时，将生成 wobjdata 数据类型的变量，该变量的名称是该工件坐标系的名称。如果在运动指令中指定了工件坐标数据，则目标点位置将基于该工件坐标系重新设定。

例如，某工件坐标系 wobj1 如下：

PERS wobjdata wobj1 : = [FALSE, TRUE, "", [[300, 600, 200], [1, 0, 0, 0]], [[0, 200, 30], [1, 0, 0, 0]]];

工件坐标数据 wobj1 定义内容如下。

FALSE：代表机械人未夹持着工件。

TRUE：代表使用固定的工件坐标系。

[300, 600, 200], [1, 0, 0, 0]：代表工件坐标系不旋转，且在大地坐标系中工件坐标系的原点为，$x = 300$ mm，$y = 600$ mm 和 $z = 200$ mm。

➢ 注意：[1, 0, 0, 0] 代表工件坐标系的旋转数据，当前表示为不旋转任何角度，为一个四元数（q_1, q_2, q_3, q_4）。

[0, 200, 30], [1, 0, 0, 0]：代表目标坐标系（即当前工件的位置）不旋转，且在工件坐标系中目标坐标系的原点为 $x = 0$ mm，$y = 200$ mm 和 $z = 30$ mm。

3. 工件坐标数据的设定

在需要设定工件的平面上，定义三个点 X1、X2、Y1，就可以建立一个工件坐标，如图 2-12 所示。

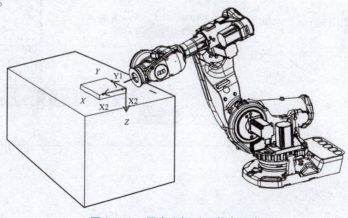

图 2-12 用户坐标系示教点示意

(1) 点 X1、点 X2 确定工件坐标系 X 轴正方向。

(2) 点 Y1 确定工件坐标系 Y 轴正方向。

(3) 工件坐标系的原点是点 Y1 在工件坐标系 X 轴上的投影，工件坐标系符合右手定则。

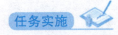

1. 三点法工件坐标系设定

三点法工件坐标系设定操作方法见表 2-9。

表 2-9 三点法工件坐标系设定操作方法

操作步骤	操作说明	示意图
1	单击左上角菜单按钮，选择"手动操纵"选项	
2	选择"工件坐标"选项	

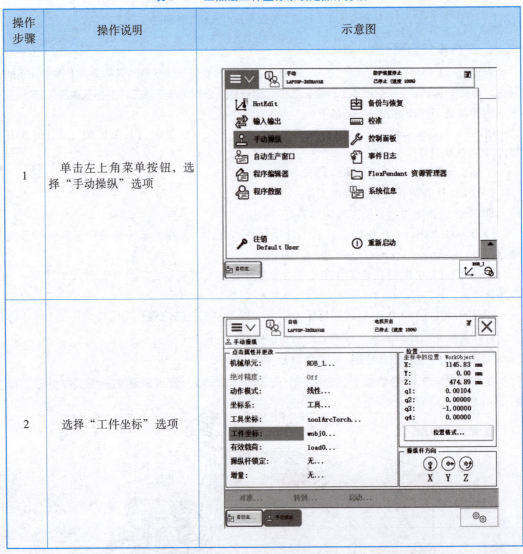

续表

操作步骤	操作说明	示意图
3	在"手动操纵－工件"界面中对当前工件新建一个工件数据,单击"新建"按钮	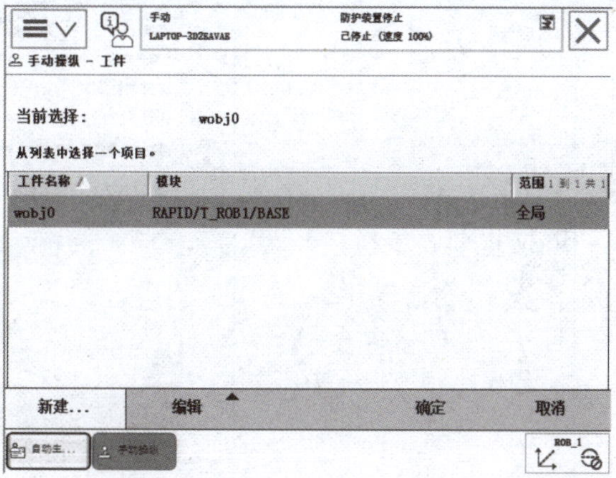
4	修改工件坐标系名称、范围等属性; 完成属性设置后单击"确定"按钮	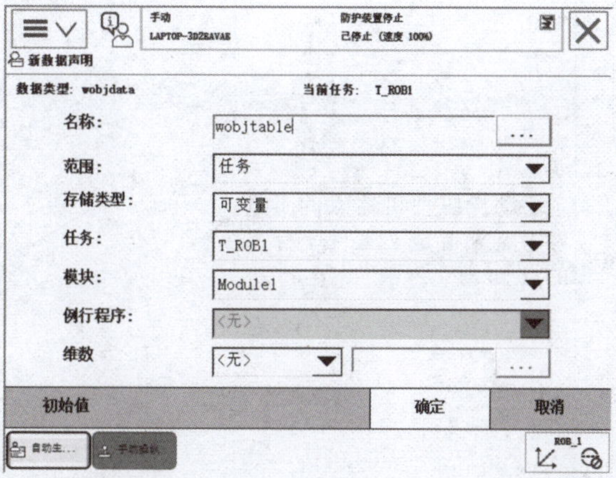
5	此时,将根据刚才设置的工件坐标系属性生成一个新的工件坐标数据,选择该数据wobjtable选项,单击"编辑"按钮,选择"定义"选项进行工件坐标系数据设定	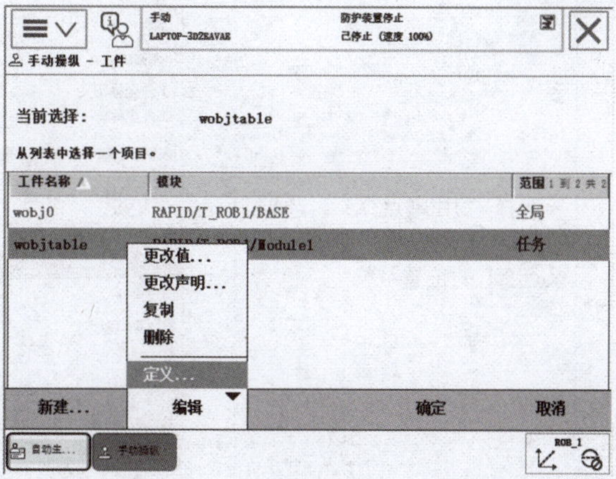

项目2　工业机器人搬运应用　51

续表

操作步骤	操作说明	示意图
6	单击"用户方法"对应的下拉按钮，选择"3点"选项	
7	手动操纵使机器人的工具参考点靠近定义工件坐标系的点 X1	
8	选择"用户点 X1"选项，单击"修改位置"按钮，记录点 X1 的位置	

续表

操作步骤	操作说明	示意图
9	手动操纵使机器人的工具参考点靠近定义工件坐标系的点 X2	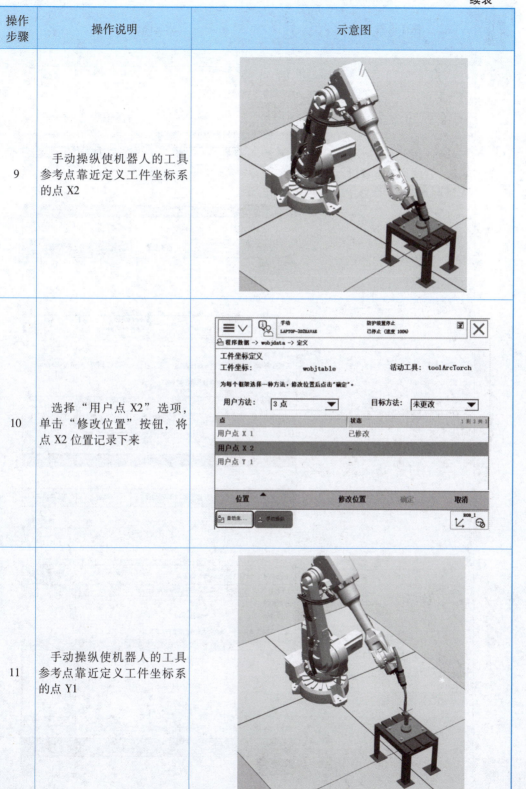
10	选择"用户点 X2"选项，单击"修改位置"按钮，将点 X2 位置记录下来	
11	手动操纵使机器人的工具参考点靠近定义工件坐标系的点 Y1	

项目 2　工业机器人搬运应用　53

续表

操作步骤	操作说明	示意图
12	选择"用户点Y1"选项，单击"修改位置"按钮，将点Y1位置记录下来	
13	单击"确定"按钮，完成设定	
14	对自动生成的工件坐标数据进行确认后，单击"确定"按钮	

2. 验证工件坐标数据

完成工件坐标数据的设置后,机器人工件坐标系方向已改变,此时选用新的工件坐标系,让机器人分别按 X 轴、Y 轴、Z 轴执行线性运动,观察其方向是否与设置方向一致。

验证工件坐标数据操作方法见表 2–10。

表 2–10 验证工件坐标数据操作方法

操作步骤	操作说明	示意图
1	在"手动操纵 – 工件"界面中选择新建立的工件坐标系 wobjtable 选项,单击"确定"按钮	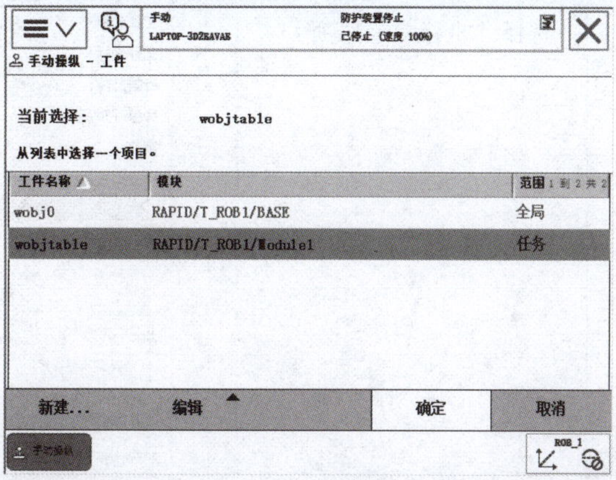
2	选择"动作模式"选项	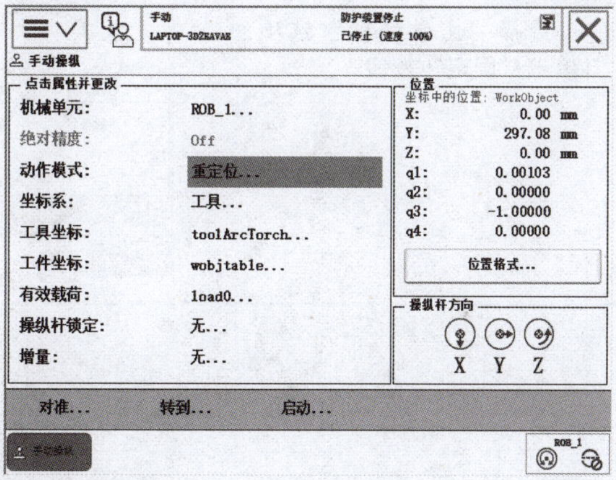
3	选择"线性"选项,然后单击"确定"按钮	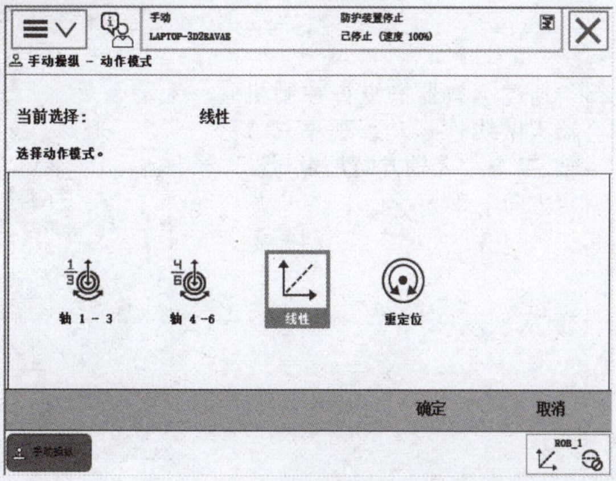

项目 2　工业机器人搬运应用

续表

操作步骤	操作说明	示意图
4	选择"坐标系"选项	
5	选择"工件坐标"选项，单击"确定"按钮	
6	通过示教器操纵杆控制机器人做线性运动，观察其 X 轴、Y 轴、Z 轴方向是否与设定方向一致	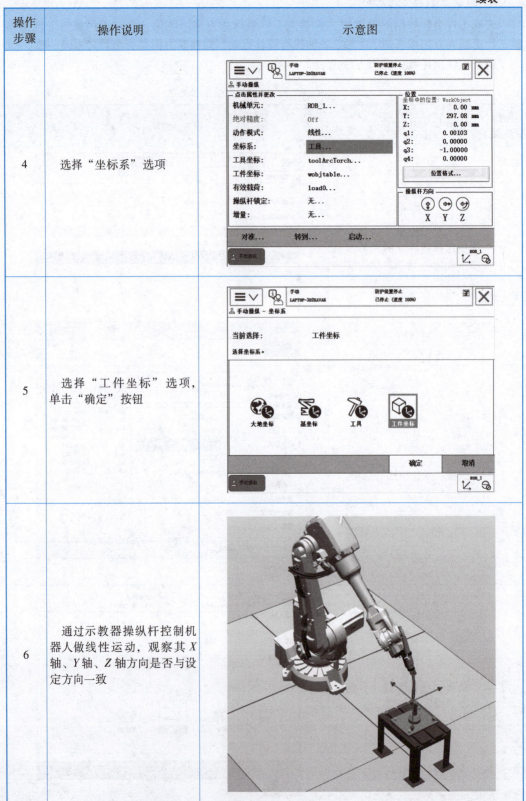

任务评价

填写表2-11。

表2-11 任务评价表

观察清单	观察项目与标准	是否达成	观察者
职业素养	按实训要求进行安全着装		学生
	遵循控制系统设备上下电流程		学生
	实训工位定置定位摆放,严格执行5S管理		学生
	工位整齐、清洁		学生
	任务结束后工位进行5S管理		学生
	认真积极参与研讨		教师
	积极参与小组活动与任务		教师
	较好地组织团队成员分工合作		教师
专业能力	能准确表述工件坐标系作用		教师
	能复述工件坐标数据各个数据的含义		教师
	能独立对工作台的工件坐标系进行三点法设定		学生、教师
	能对设定的工件坐标系数据进行验证		学生、教师
达标数量			

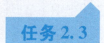

任务2.3 创建机器人程序

程序创建与验证

任务描述

ABB 机器人编程使用 RAPID 语言,它是一种基于计算机的高级编程语言,易学易用,灵活性强,支持二次开发,支持中断处理、错误处理、多任务处理等高级功能。

应用程序使用 RAPID 语言的特定词汇和语法编写而成,所包含的指令可以移动机器人、设置输出、读取输入,还能实现决策、重复其他指令、构造程序、与系统操作人员交流等功能。本任务将学习如何创建及编写一个完整的机器人程序并进行验证。

预备知识

1. RAPID 程序架构

(1)一个 RAPID 程序称为一个任务,由程序模块与系统模块组成。一般只通过新建程序模块来构建机器人的程序,而系统模块多用于系统方面的控制。

(2)可以根据不同的用途创建多个程序模块,如专门用于主控制的程序模块、用于位置计算的程序模块、用于存放数据的程序模块等,这样做的目的在于方便归类管理不同用途的例行程序与数据。

（3）每个程序模块包含了程序数据、例行程序、中断程序和功能四种对象，但在一个程序模块中不一定都有这四种对象的存在，程序模块之间的数据、例行程序、中断程序和功能是可以互相调用的。

（4）在 RAPID 程序中，只有一个主程序 main，并且存在于任意一个程序模块中，作为整个 RAPID 程序执行的起点。

RAPID 程序架构见表 2-12 和图 2-13。

表 2-12 RAPID 程序架构

RAPID 程序（任务）			
程序模块 1	程序模块 2	…	系统模块
程序数据	程序数据	…	程序数据
主程序 main	例行程序	…	例行程序
例行程序	中断程序	…	中断程序
中断程序	功能	…	功能
功能		…	

图 2-13 RAPID 程序架构

2. 任务、程序模块、例行程序

可以在系统主界面中选择"程序编辑器"选项进入程序的编辑界面修改机器人的程序，如图 2-14 所示。

在"程序编辑"界面单击"任务与程序"后进入"任务与程序"界面，如图 2-15 所示，"T_ROB1"为当前机器人的任务，单击"显示模块"按钮，在当前任务中包含 3 个模块，分别是名为 BASE 和 user 的系统模块和名为 Module1 的程序模块。

BASE 系统模块存放机器人工具、工件、负载等基础数据；user 系统模块存放用户定义的变量数据；Module1 程序模块存放用户编写的示教程序。

选择程序模块 Module1 选项，单击"显示模块"按钮将显示 Module1 程序模块中所存放的用户编写的程序，如图 2-16 所示。

"main（）"是当前任务"T_ROB1"中的主程序；"rInit（）"和"rPick（）"是 Mod-

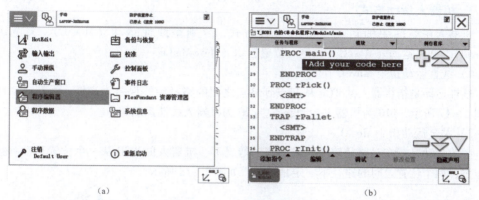

图 2-14 程序编辑界面

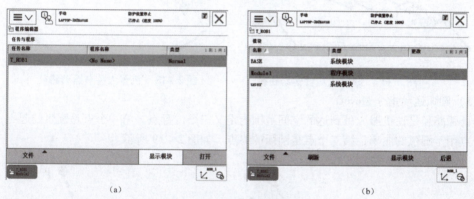

图 2-15 系统与程序模块

ule1 程序模块的例行程序；"rPallet（ ）"是 Module1 程序模块的中断程序。也可以通俗地将模块理解为电脑中的文件夹，例行程序则是文件夹里的具体文件，可以根据例行程序的功能进行分类，存放在不同的模块当中。

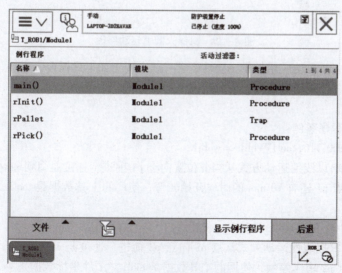

图 2-16 例行程序界面

项目 2　工业机器人搬运应用　59

3. 机器人运动方式

机器人在空间中的运动主要有 4 种方式，分别是线性运动（MoveL）、关节运动（MoveJ）、圆弧运动（MoveC）和绝对位置运动（MoveAbsJ）。

1）线性运动指令 MoveL

线性运动是指机器人的 TCP 从起点到终点之间的路径始终保持为直线。线性运动路径如图 2-17 所示，p10 为机器人运动起点，p20 为机器人线性运动终点。

2）关节运动指令 MoveJ

关节运动是指在对路径精度要求不高的情况下，机器人的 TCP 从一个位置移动到另一个位置，两个位置之间的路径不一定是直线，如图 2-18 所示。

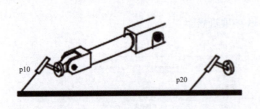

图 2-17 机器人线性运动路径

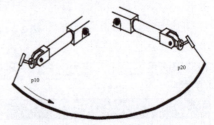

图 2-18 机器人关节运动路径

3）圆弧运动指令 MoveC

圆弧路径是在机器人可到达的空间范围内定义三个位置点，第一个点是圆弧的起点，第二个点用于圆弧的曲率，第三个点是圆弧的终点。如图 2-19 所示。

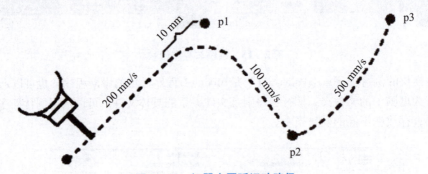

图 2-19 机器人圆弧运动路径

线性运动和关节运动应用场景：线性运动一般应用于如工件抓取、焊接、涂胶等对路径要求高的场合；关节运动适合机器人大范围运动时使用，防止在运动过程中出现关节轴进入机械死点的问题。

机器人运动程序案例：

MoveL p1, v200, z10, tool1\Wobj: = wobj1;

机器人的 TCP 以线性运动方式从当前位置向点 p1 前进，速度是 200 mm/s，转弯区数据是 10 mm，距离点 p1 还有 10 mm 的时候开始转弯，使用的工具数据是 tool1，工件坐标数据是 wobj1。

MoveL p2, v100, fine, tool1\Wobj: = wobj1;

机器人的 TCP 以线性运动方式从点 p1 向点 p2 前进，速度是 100 mm/s，转弯区数据是 fine，机器人在点 p2 稍作停顿，使用的工具数据是 tool1，工件坐标数据是 wobj1。

MoveJ p3, v500, fine, tool1\Wobj: = wobj1;

机器人的 TCP 以关节运动方式从点 p2 向点 p3 前进，速度是 500 mm/s，转弯区数据是 fine，机器人在点 p3 停止，使用的工具数据是 tool1，工件坐标数据是 wobj1。

fine 指令与 z10：fine 指机器人 TCP 达到目标点，在目标点速度降为零，机器人动作有所停顿，然后再向下一目标点运动。如果一个目标点是一段路径的最后一个点，则该目标点一定要为 fine。z10 代表转弯区数据，10 代表转弯距离值，单位是 mm。转弯区数值越大，机器人的动作路径就越圆滑流畅。

机器人运动路径如图 2-20 所示。

4）绝对位置运动指令 MoveAbsJ

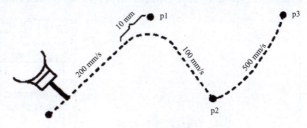

图 2-20 机器人线性运动与关节运动案例

绝对位置运动是指使用机器人 6 个轴和外轴的角度值来定义目标位置数据的运动方式。常用于机器人 6 个轴回到机械原点（0°）的位置。

MoveAbsJ JHome, v500, fine, tool1\Wobj: = wobj1;

机器人的 TCP 以关节运动的方式运动至 JHome 点（JHome 为用户定义的机械原点）速度是 500 mm/s，转弯区数据是 fine，使用的工具数据是 tool1，工件坐标数据是 wobj1，用此方式运动机器人即使遇到奇异点也可以继续运动。

任务实施

1. 创建机器人程序

创建一个名为"T_ROB1"任务下 Module1 的程序模块，并在该模块下创建名为 Routine1 的例行程序。

创建机器人程序的操作步骤见表 2-13。

表 2-13 创建机器人程序的操作步骤

操作步骤	操作说明	示意图
1	单击左上角菜单按钮，选择"程序编辑器"选项	

续表

操作步骤	操作说明	示意图
2	单击"例行程序"按钮	
3	确保当前机器人处于手动操作状态下,单击"文件"按钮,选择"新建例行程序"选项。若机器人在自动状态下,则无法新建例行程序	
4	按照任务要求修改例行程序的名称、所属模块,类型选择"程序"选项,单击"确定"按钮	

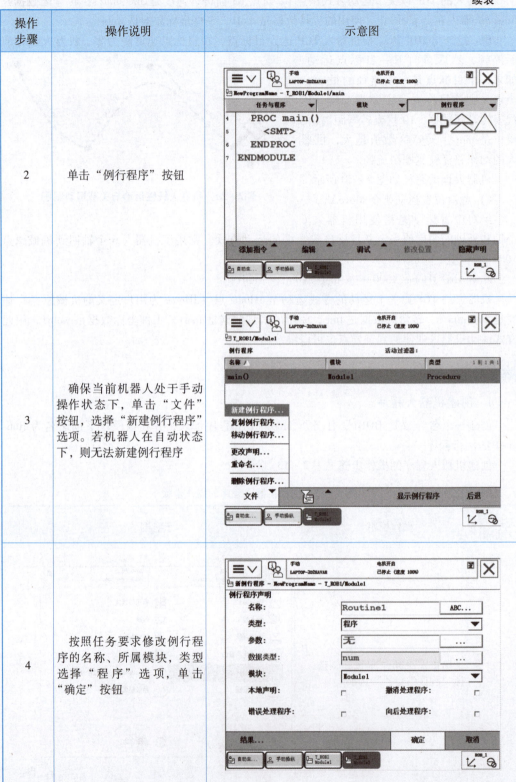

续表

操作步骤	操作说明	示意图
5	选择新建的例行程序 Routine1 选项，单击"显示例行程序"按钮	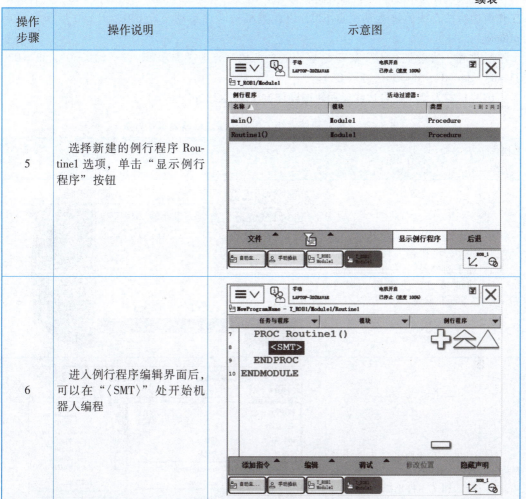
6	进入例行程序编辑界面后，可以在"〈SMT〉"处开始机器人编程	

2. 编写机器人绕工作台边缘运动轨迹程序

机器人绕工作台边缘运动轨迹如图 2-21 所示。

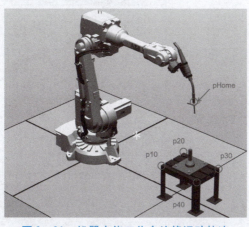

图 2-21 机器人绕工作台边缘运动轨迹

项目 2 工业机器人搬运应用 63

机器人从原点 pHome（机器人机械原点）出发，先运动至工作台边缘点 p10，然后沿着工作台边缘按直线轨迹运动至点 p20，以此类推按顺序运动至点 p30、点 p40 后回到原点 pHome。

> **注意**：当前机器人安装焊枪后，定义机械原点为关节坐标系下（J1 = 0°，J2 = 0°，J3 = 0°，J4 = 0°，J5 = 30°，J6 = 0°）。

编写机器人绕工作台边缘运动轨迹操作方法见表 2-14。

表 2-14 编写机器人绕工作台边缘运动轨迹操作方法

操作步骤	操作说明	示意图
1	在即将进行编程的例行程序中，将机器人切换至"低速手动模式"，并按下示教器使能按键，使机器人处于"手动"状态	
2	在"手动操纵"界面中确认已选择要使用的"工具坐标"和"工件坐标"选项	
3	选择关节运动方式，操纵机器人运动至原点 pHome	

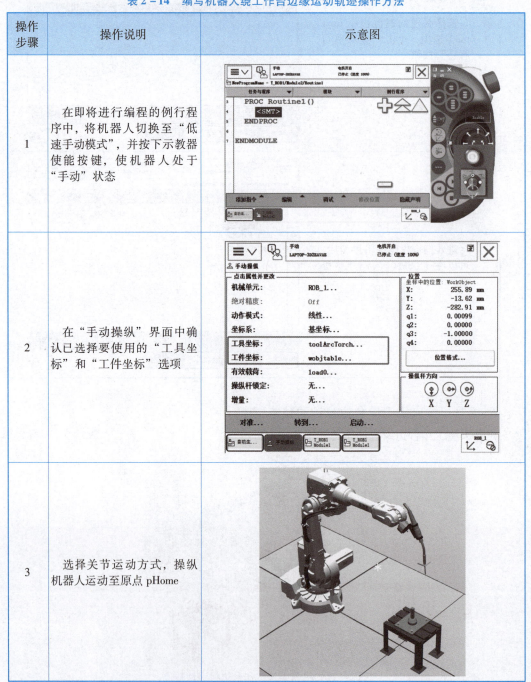

续表

操作步骤	操作说明	示意图
4	单击"添加指令"按钮，在 Common 菜单中选择 MoveAbsJ 选项，然后单击"修改位置"按钮，将当前位置记录至程序中	
5	选择合适的运动方式，操纵机器人运动至点 p10	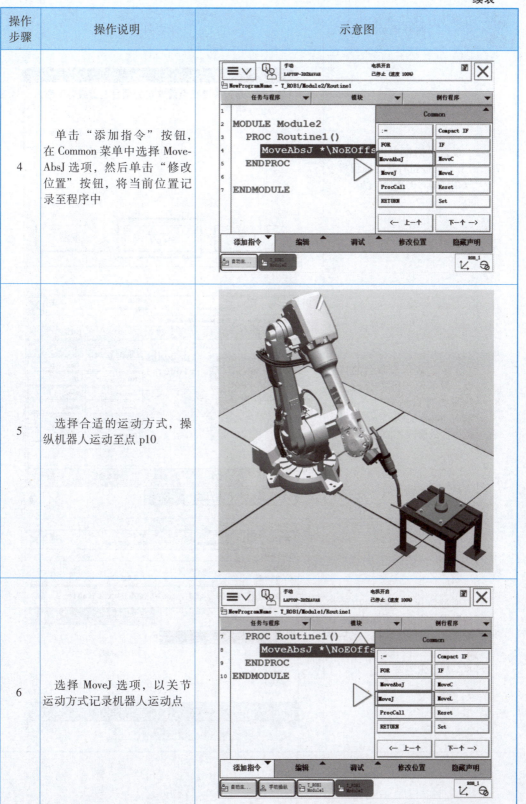
6	选择 MoveJ 选项，以关节运动方式记录机器人运动点	

项目 2　工业机器人搬运应用

续表

操作步骤	操作说明	示意图
7	根据对话框中提示,单击"下方"按钮将新的编程指令放在刚编写的指令下方	
8	"*"表示未命名的目标点。为了便于维护管理,一般需要对目标点进行命名,双击 MoveJ 后的"*",进入指令参数修改界面	
9	通过新建或选择对应的参数数据,设定运动点数据、运动速度及转弯区数据,然后单击"新建"按钮,为当前位置创建一个数据	

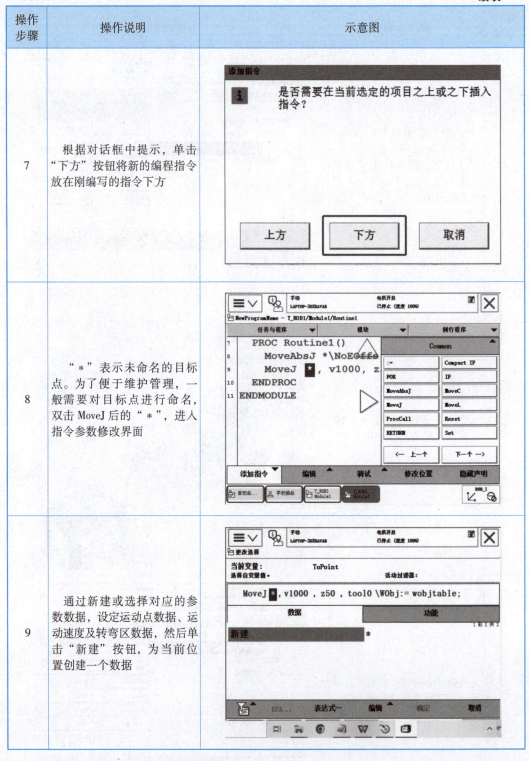

续表

操作步骤	操作说明	示意图
10	将当前点的名称修改为 p10，并修改其使用范围、所属任务、模块等参数，单击"确定"按钮	
11	将当前点设置为 p10 后单击"确定"按钮	
12	单击"修改位置"按钮将当前位置保存至变量 p10 中	

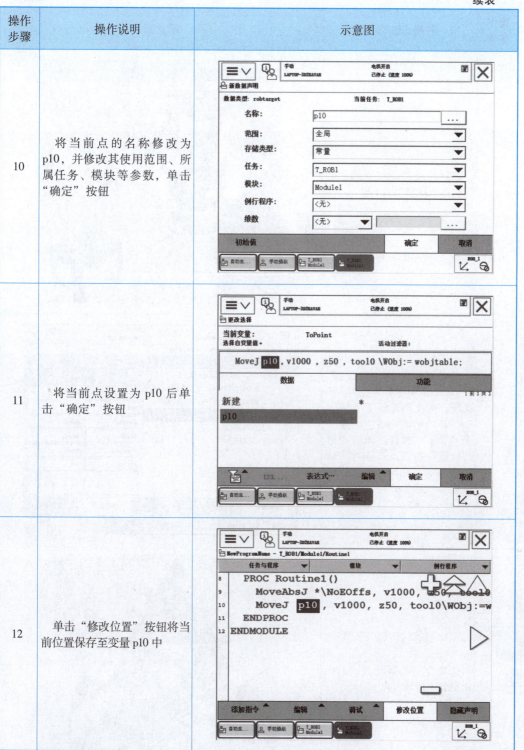

续表

操作步骤	操作说明	示意图
13	选择合适的运动方式，操纵机器人运动至点 p20	
14	单击"添加指令"按钮，在 Common 菜单处选择 MoveL 选项，将在原光标下方插入一行新的运动指令，新建一个名为 p20 的点后单击"修改位置"按钮，若执行当前运动指令，机器人将以直线方式运动至点 p20	
15	选择合适的运动方式，操纵机器人运动至点 p30	

续表

操作步骤	操作说明	示意图
16	单击"添加指令"按钮，在Common菜单处选择MoveL选项，将在原光标下方插入一行新的运动指令，新建一个名为p30的点后单击"修改位置"按钮，若执行当前运动指令，机器人将以直线方式运动至点p30	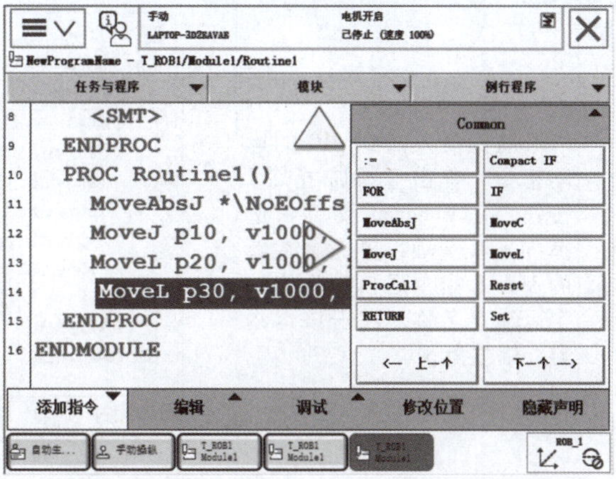
17	选择合适的运动方式，操纵机器人运动至点p40	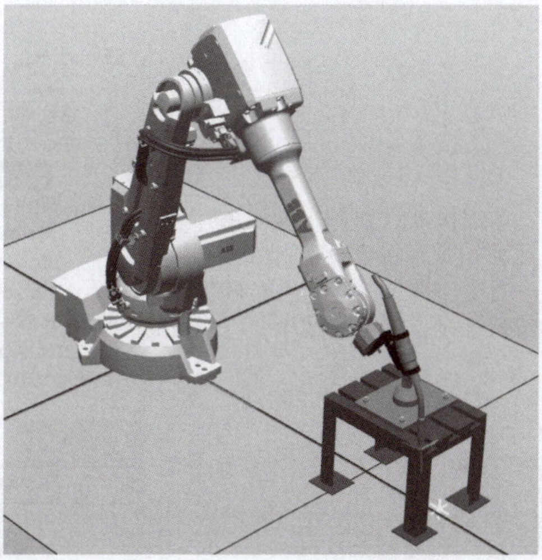
18	单击"添加指令"按钮，在Common菜单处选择MoveL选项，将在原光标下方插入一行新的运动指令，新建一个名为p40的点后，单击"修改位置"按钮，若执行当前指令，机器人将以直线方式运动至点p40	

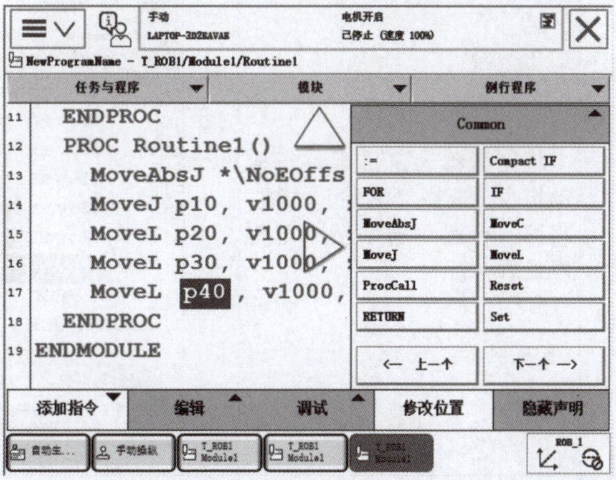

项目2 工业机器人搬运应用 69

续表

操作步骤	操作说明	示意图
19	添加机器人回到 p10 的运动指令，单击"添加指令"按钮，在 Common 菜单中选择 MoveL 选项，界面会在新的 MoveL 指令后自动生成一个运动点名称，双击该运动点，修改为 p10	
20	添加机器人回到 pHome 的运动指令，将光标移动到第一行运动指令，单击"编辑"按钮选择"复制"选项	
21	将光标移动至最后一行运动指令，选择"粘贴"选项，将第一行运动指令粘贴至程序最后一行	

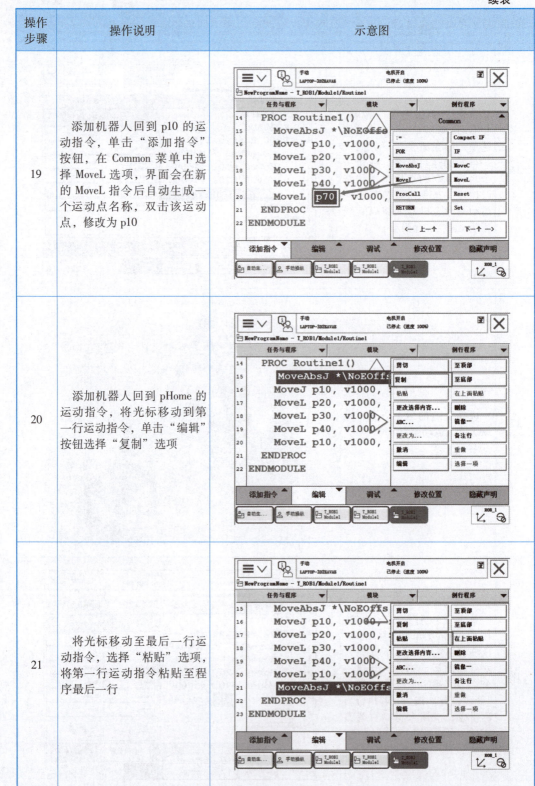

3. 运行机器人例行程序

完成了程序的编辑后,要对这个程序进行调试,调试的目的有以下两点:
(1) 检查程序的位置点是否正确;
(2) 检查程序的逻辑控制是否有不完善的地方。
运行机器人例行程序操作方法见表 2 – 15。

表 2 – 15　运行机器人例行程序操作方法

操作步骤	操作说明	示意图
1	单击"调试"按钮,选择"PP 移至例行程序"选项	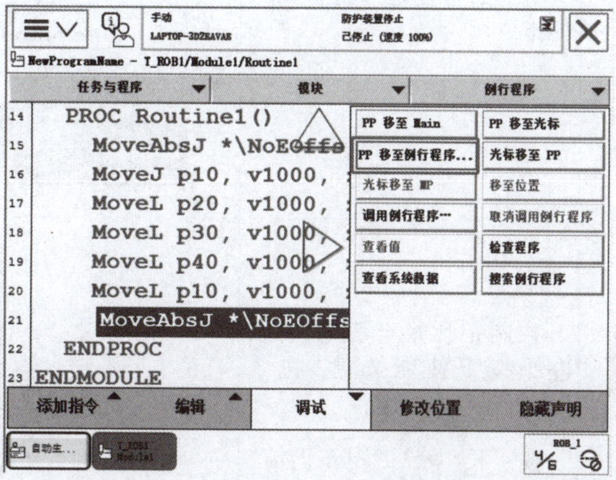
2	选择刚才编写完成的例行程序 Routine1 选项,单击"确定"按钮	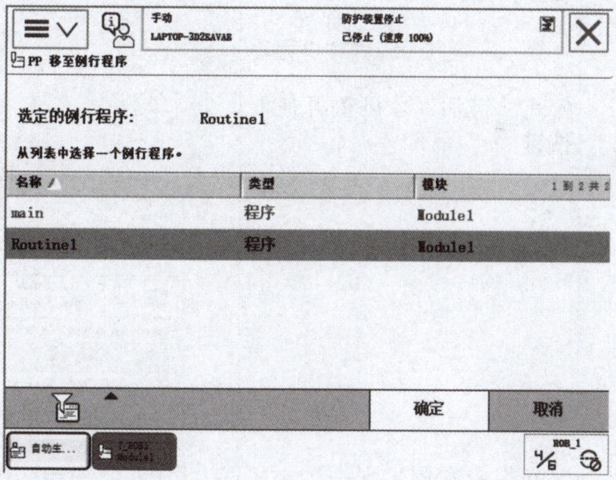

续表

学习笔记

操作步骤	操作说明	示意图
3	程序指针（programpointer，PP）（左侧小箭头）永远指向将要执行的指令。图中箭头所指的指令是即将被执行的指令	
4	控制柜切换至手动模式，左手按下使能按键，进入"电机开启"状态； 按一下 ▶┃ "单步向前"键，小心仔细观察机器人移动； 提示：在按下 ■ "程序停止"键后，才可松开使能按键	
5	在指令左侧出现一个小机器人，说明机器人已到达运动指令的等待位置原点 pHome	

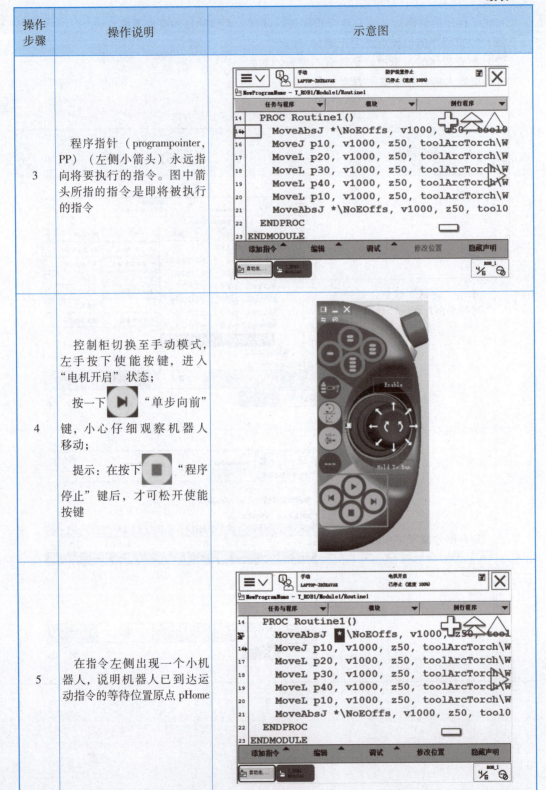

续表

操作步骤	操作说明	示意图
6	重复执行步骤4、步骤5，直至小机器人符号到达最后一条指令； 认真观察机器人运动情况是否与要求相符	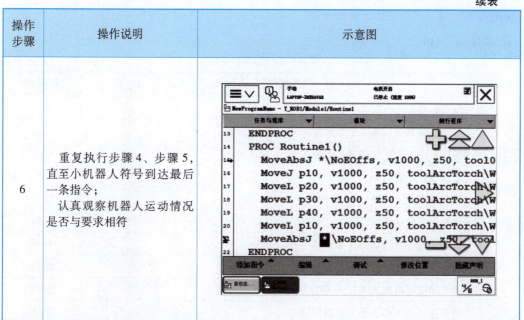

拓展任务

在任务2.3中，机器人是否按要求依次准确到达原点pHome、点p10、点p20、点p30、点p40、点P10、原点pHome，如果没有准确到达每个示教点，那问题可能出现在哪里呢？请将修改后的程序重新记录。

PROC Routine1（　　）
ENDPROC

项目2　工业机器人搬运应用　73

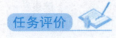

填写表 2-16。

表 2-16 任务评价表

观察清单	观察项目与标准	是否达成	观察者
职业素养	按实训要求进行安全着装		学生
	遵循控制系统设备上下电流程		学生
	实训工位定置定位摆放，严格执行 5S 管理		学生
	工位整齐、清洁		学生
	任务结束后工位进行 5S 管理		学生
	认真积极参与研讨		教师
	积极参与小组活动与任务		教师
	较好地组织团队成员分工合作		教师
专业能力	能准确描述机器人 RAPID 程序架构		教师
	能表达机器人各运动方式的区别		教师
	能独立创建、修改、删除机器人程序		学生、教师
	能独立编写机器人绕工作台运行轨迹的程序		学生、教师
	能对编写的机器人运动程序调试运行与修改		学生、教师
达标数量			

任务 2.4 编写机器人连续搬运程序

任务描述

机器人想在斜面上实现连续搬运工件，不仅需要正确设置机器人的工具坐标系及斜面的工件坐标系，而且需要学会创建程序，并在程序中调用循环指令及偏移指令来减少机器人编程量，简化程序。本任务将针对机器人的赋值、逻辑等指令进行学习，并将其应用到机器人的连续搬运程序任务当中。

预备知识

1. 赋值指令

赋值指令":="用于对程序数据进行赋值，赋值可以是一个常量也可以是数学表达式。

以添加一个常量与一个数学表达式赋值为例，说明此指令的使用。

```
PROC main( )
    reg1: =8;
```

```
            reg2: = reg1 + 4;
        ENDPROC
```

常量赋值：reg1: = 8；
数学表达式赋值：reg2: = reg1 + 4；
指令执行完成后 reg2 = 12。

2. I/O 控制指令

I/O 控制指令用于控制 I/O 信号以达到与机器人周边设备进行通信的目的。

1）数字信号置位指令 Set

数字信号置位指令用于将数字输出（digital output）置位为 1。以下以数字输出信号 do1 为例。

```
        PROC main( )
            Set do1;
        ENDPROC
```

执行完 Set do1 指令后，do1 信号置位为 1。

2）数字信号复位指令 Reset

数字信号复位指令用于将数字输出置位为 0。

```
        PROC main( )
            Reset do1;
        ENDPROC
```

执行完 Reset do1 指令后，do1 信号置位为 0。

小贴士

如果在 Set、Reset 指令前有运动指令 MoveJ、MoveL、MoveC、MoveAbsJ 的转变区数据，则必须使用 fine 指令才可以在准确到达目标点后输出 I/O 信号状态的变化。

---

3. 逻辑判断指令

逻辑判断指令用于对条件进行判断后，执行相应的操作，是 RAPID 程序中重要的组成部分。

1）紧凑型条件判断指令 Compact IF

紧凑型条件判断指令，当一个条件满足以后就执行一句指令。

```
        PROC main( )
            IF flag1 set do1;
        ENDPROC
```

如果 flag1 的状态为 TRUE，则 do1 信号置位为 1。

2）条件判断指令 IF

条件判断指令可以根据不同的条件执行不同的指令，条件数量可以根据实际情况进行增加与减少。

```
PROC main( )
    IF num1 = 1 THEN
        flag1: = TRUE;
    ELSEIF num1 = 2 THEN
        flag1: = FALSE;
    ELSE
        Set do1;
    ENDIF
ENDPROC
```

如果 num1 为 1,则 flag1 会赋值为 TRUE;如果 num1 为 2,则 flag1 会赋值为 FALSE;除了以上两种条件之外,则执行 do1 信号置位为 1。

3) 重复执行判断指令 FOR

重复执行判断指令用于一个或多个指令需要重复执行数次的情况。

例如,在例行程序 Routine2 中,第一次执行 FOR 循环时,变量 i 的值为 1,然后执行例行程序 Routine1,执行完成后,程序指针指向 ENDFOR,此时变量 i 将自加 1,由于 i 的值仍属于 1~10 范围内,将继续在 FOR 循环重复执行判断指令中执行,直至 i 的值大于 10。因此,Routine2 程序将会循环例行程序 Routine1,重复执行 10 次。

```
PROC Routine2( )
    FOR i FROM 1 TO 10 DO
        Routine1;
    ENDFOR
ENDPROC
```

4) 条件判断指令 WHILE

条件判断指令,用于在满足给定条件的情况下,一直重复执行对应的指令。

例如,当满足 num1 > num2 条件的情况下,就一直执行 num1: = num1 - 1 的操作。

```
PROC Routine2( )
    WHILE num1 > num2 DO
        num1: = num1 - 1;
    ENDWHILE
ENDPROC
```

5) 时间等待指令 WaitTime

时间等待指令用于程序等待指定的时间后再继续向下执行。

例如,在执行 Routine3 程序时,将等待 4 s 后再执行 Reset do1 指令将 do1 信号复位。

```
PROC Routine3( )
    WaitTime 4;
    Reset do1;
```

ENDPROC

6）调用例行程序指令 ProcCall

调用例行程序指令可以在某个例行程序中调用其他例行程序。

如图 2-22 所示，执行例行程序 Routine2 时，若 di1 信号等于 1，将执行 Routine1 例行程序。

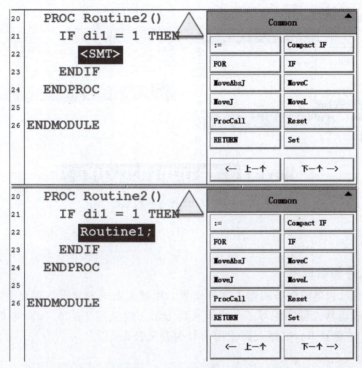

图 2-22　Proc Call 指令

7）偏移功能指令 Offs

双击运动指令的目标点进行编辑，在目标点的功能选项中选择"Offs 偏移功能"选项，Offs 指令中有 4 个参数，格式为 Offs（＜EXP＞，＜EXP＞，＜EXP＞，＜EXP＞），第一个参数为偏移基准目标点，图 2-23 所示为点 p10 后续 3 个参数，分别为 X 轴、Y 轴、Z 轴方向的偏移量。

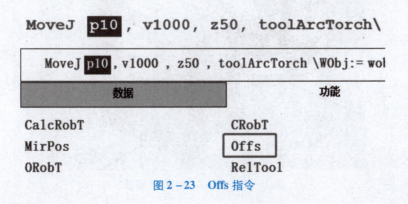

图 2-23　Offs 指令

项目 2　工业机器人搬运应用　77

分别选中后续 3 个 <EXP> 参数，单击"编辑"按钮，选择"仅限选定内容"选项，进入软键盘界面输入偏移量，分别为 0，0，100，即将此位置设置为相对于点 p10 沿着当前工件坐标系的 Z 轴正方向偏移 100 mm，如图 2-24 所示。

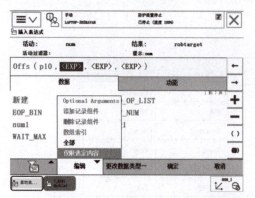

图 2-24　Offs 指令参数修改

任务实施

1. 单个工件搬运程序

图 2-25 所示为当前任务机器人工作情景，机器人末端安装真空吸盘，需要操作人员通过示教器完成机器人程序编写，令机器人将方形工件从图 2-26（a）中位置 A 搬运至图 2-26（b）中位置 B。机器人需使用信号列表见表 2-17。

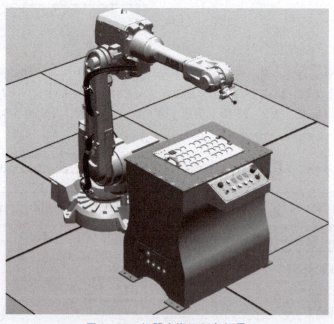

图 2-25　机器人搬运任务场景

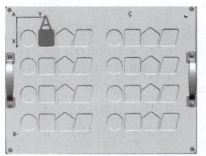
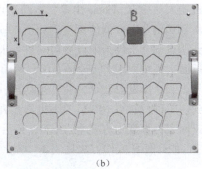

（a） （b）

图 2-26 单个工件搬运任务示意

表 2-17 机器人需使用信号列表

信号名称	信号类型	信号功能	信号模块	信号地址
doVacuum	DO	启动真空吸盘	DSQC652	0

任务分析

单个工件搬运任务分析如图 2-27 和图 2-28 所示。

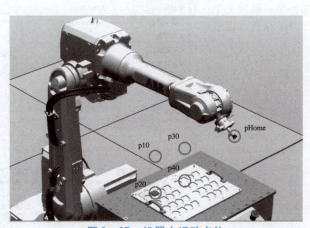

图 2-27 机器人运动点位

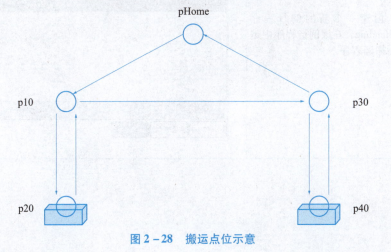

图 2-28 搬运点位示意

(1) 机器人从原点 pHome 出发，运动至点 p10 工件上方安全点。
(2) 从 p10 出发以较低的速度运动至点 p20。
(3) 到达点 p20 工件拾取点后启动机器人真空吸盘，并延时等待 1 s。
(4) 返回工件拾取上方安全点 p10，然后运动至工件放置上方安全点 p30。
(5) 从点 p30 出发以较低的速度运动至 p40。
(6) 到达工件放置点 p40 后关闭机器人真空吸盘，并延时等待 1 s。
(7) 返回工件放置上方安全点 p30，最后回到机器人原点 pHome。

单个工件搬运任务操作方法见表 2-18。

表 2-18 单个工件搬运任务操作方法

操作步骤	操作说明	示意图
1	根据现场设备对机器人工具坐标及工件坐标进行设定并选择	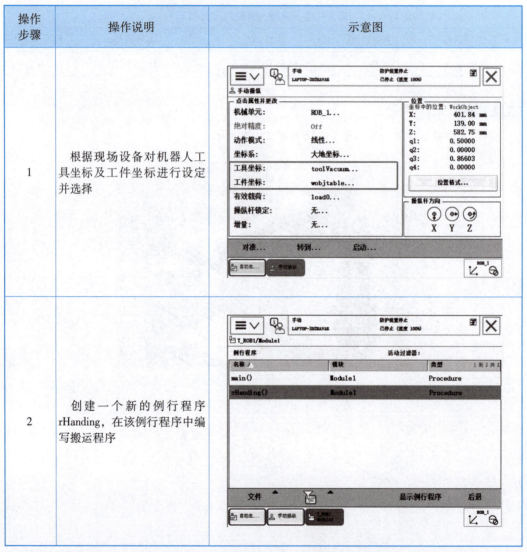
2	创建一个新的例行程序 rHanding，在该例行程序中编写搬运程序	

续表

操作步骤	操作说明	示意图
3	在例行程序中根据任务分析记录机器运动点	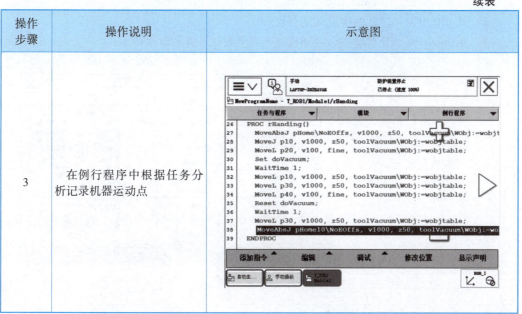

2. 多个工件连续搬运程序

图 2-25 所示为当前任务机器人工作情景,机器人末端安装真空吸盘,需要操作人员通过示教器完成机器人程序编写,令机器人将 4 个方形工件从图 2-29(a)中位置 A 搬运至图 2-29(b)中位置 B。

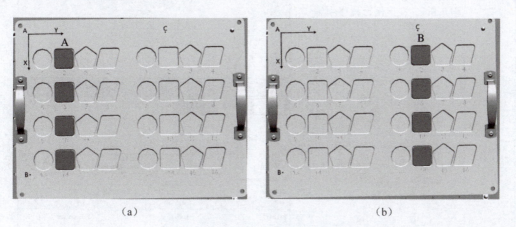

图 2-29　多个工件搬运任务示意

多个工件连续搬运任务操作方法见表 2-19。

表 2-19　多个工件连续搬运任务操作方法

操作步骤	操作说明	示意图
1	根据现场设备对机器人工具坐标及工件坐标进行设定并选择	
2	创建一个新的例行程序 rHanding，在该例行程序中编写搬运程序	
3	创建搬运例行程序 rMutHanding	

续表

操作步骤	操作说明	示意图
4	编写 rMutHanding 程序代码	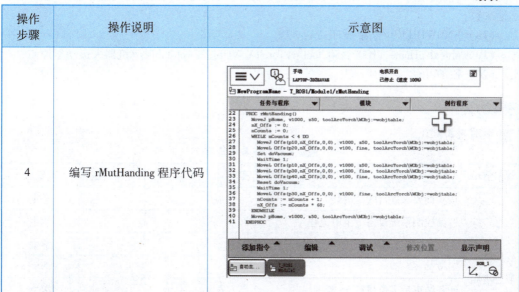

程序源代码及注释如下：

（1） PROC rMuiltHanding( )∥程序名称 rMuiltHanding；

（2） MoveJ pHome,v1000,z50,toolArcTorch\WObj：= wobjtable；∥机器人运动至原点位置；

（3） nX_Offs：=0；∥初始化 X 轴方向偏移量 nX_Offs；

（4） nCounts：=0；∥初始化搬运次数 nCounts，从第 0 次开始计数；

（5） WHILE nCounts<4 DO；∥使用 WHILE 循环，若搬运次数小于 4 则重复搬运；

（6） MoveJ Offs(p10,nX_Offs,0,0),v1000,z50,toolArcTorch \ WObj：=wobjtable；∥机器人运动至工件拾取上方安全点，偏移量为 nX_Offs，第 1 次拾取为 0 mm，第 2 次为 60 mm，第 3 次为 120 mm，第 4 次为 180 mm；

（7） MoveL Offs(p20,nX_Offs,0,0),v100,fine,toolArcTorch \ WObj：= wobjtable；∥机器人运动至工件拾取点，偏移量为 nX_Offs；

（8） Set doVacuum；∥启动吸盘启动信号；

（9） WaitTime 1；∥设置延时时间 1 s；

（10） MoveL Offs(p10,nX_Offs,0,0),v1000,z50,toolArcTorch \ WObj：= wobjtable；∥机器人运动至工件拾取上方安全点，偏移量为 nX_Offs；

（11） MoveL Offs(p30,nX_Offs,0,0),v1000,fine,toolArcTorch \ WObj：= wobjtable；∥机器人运动至工件放置上方安全点，偏移量为 nX_Offs；

（12） MoveL Offs(p40,nX_Offs,0,0),v100,fine,toolArcTorch \ WObj：= wobjtable；∥机器人运动至工件放置点，偏移量为 nX_Offs；

（13） Reset doVacuum；∥复位吸盘启动信号；

（14） WaitTime 1；∥设置延时时间 1 s；

（15） MoveL Offs(p30,nX_Offs,0,0),v1000,fine,toolArcTorch \ WObj：= wobjtable；∥机器人运动至工件放置上方安全点，偏移量为 nX_Offs；

（16） nCounts：= nCounts+1；∥机器人完成一行搬运后，运动次数增加 1；

(17) nX_Offs : = nCounts * 60;∥机器人完成一行搬运后,将每行的偏移量 60 mm 乘以运动次数;

(18) ENDWHILE;∥结束循环;

(19) MoveJ pHome,v1000,z50,toolArcTorch \ WObj: = wobjtable;∥机器人运动至原点;

(20) ENDPROC ∥程序结束。

任务评价

填写表 2-20。

表 2-20 任务评价表

观察清单	观察项目与标准	是否达成	观察者
职业素养	按实训要求进行安全着装		学生
	遵循控制系统设备上下电流程		学生
	实训工位定置定位摆放,严格执行 5S 管理		学生
	工位整齐、清洁		学生
	任务结束后工位进行 5S 管理		学生
	认真积极参与研讨		教师
	积极参与小组活动与任务		教师
	较好地组织团队成员分工合作		教师
专业能力	能正确地使用赋值指令		教师
	能使用 I/O 控制指令进行机器人 I/O 信号控制		教师
	能使用任意一个或多个逻辑指令实现循环功能		学生、教师
	能独立完成单个工件搬运程序编写		学生、教师
	能完成多个工件连续搬运程序编写		学生、教师
	达标数量		

项目小结

通过将精益求精、灵活应用、积极创新、严谨操作的职业素养和安全操作意识等素养内容融入工业机器人搬运应用教学项目中,学生不仅能够掌握专业技能,还能够培养良好的职业道德和社会意识,成为具备良好综合素质和全面发展的专业技术人才。

课后习题

1. 选择题

(1) 工作范围是指机器人( )或手腕中心所能到达的点的集合。
　　A. 机械手　　　　B. 手臂末端　　　　C. 手臂　　　　D. 行走部分

(2) 六自由度关节式工业机器人因其高速、高重复定位精度等特点,在焊接、搬运、码垛等领域实现了广泛的应用,在设计工业机器人上下料工作站时,除负载、臂展等指标外还应着重关注的指标是( )。
　　A. 重复定位精度　　　　　　　　　　B. 绝对定位精度

C. 轨迹精度和重复性　　　　　　　　D. 关节最大速度

(3) 水平作业的流水生产线主要由传输单元来实现工件在各工位的有序流动,(　　)是一种常用的水平传输单元。
　　A. 动力输送机　　　　　　　　　　B. 重力式输送机
　　C. 搬运机器人　　　　　　　　　　D. 悬臂式移载机构

(4) 要搬运体积大、重量轻的物料,如冰箱壳体、纸壳箱等,应该优先选用(　　)。
　　A. 机械式气动夹爪　　　　　　　　B. 磁力吸盘
　　C. 真空式吸盘　　　　　　　　　　D. 机械式液动夹爪

(5) 标准I/O板卡651提供的两个模拟输出电压范围为(　　)。
　　A. −10 V ~ +10 V　　B. 0 ~ +10 V　　C. 0 ~ +24 V　　D. 0 ~ +36 V

(6) 当一个或多个指令重复多次时,可使用FOR指令,FOR指令是(　　)指令。
　　A. 循环递增减　　B. 循环　　C. 偏移　　D. 判断

(7) 下列做法有助于提高机器人TCP标定精度的是(　　)。
　　A. 固定参考点设置在机器人极限边界处
　　B. TCP标定点之间的姿态比较接近
　　C. 减少TCP标定参考点的数量
　　D. 增加TCP标定参考点的数量

(8) 标定工具坐标系时,若需要重新定义TCP及所有方向,应使用(　　)方法。
　　A. TCP和默认方向　　　　　　　　B. TCP和Z
　　C. TCP和Z, X　　　　　　　　　　D. TCP和X

(9) 机器人的工具数据不包括(　　)。
　　A. 工具坐标系　　B. 工具质量　　C. 工具重心　　D. 工具形状

(10) 在调试程序时,应该先进行(　　)调试,然后再进行连续运行调试。
　　A. 自动运行　　　　　　　　　　　B. 循环运行
　　C. 单步运行　　　　　　　　　　　D. 单程序完整运行

2. 判断题

(1) 示教过程中,工具数据可以选择使用tool0。　　　　　　　　　　　　(　　)
(2) 进行工具坐标系标定时,四点法、六点法没有区别。　　　　　　　　(　　)
(3) 不同模块间的例行程序根据其定义的范围可互相调用。　　　　　　　(　　)
(4) ABB机器人标准I/O板挂在DeviceNet总线下,实现与外界的I/O通信。(　　)
(5) 在标定工业机器人夹爪的工具坐标系时,一般使用带有尖点的工具作为辅助标定工具。　　　　　　　　　　　　　　　　　　　　　　　　　　　　　(　　)

3. 简答题

简要描述ABB机器人中RAPID程序由哪些模块组成,程序模块包含了哪些内容。

☞ **答案**

1. 选择题
(1) B　(2) D　(3) A　(4) C　(5) B　(6) A　(7) D　(8) C　(9) D

（10）C

2. 判断题

（1）√　（2）×　（3）√　（4）√　（5）√

3. 简答题

一个 RAPID 程序称为一个任务，由程序模块与系统模块组成。每个程序模块包含了程序数据、例行程序、中断程序和功能四种对象，但不一定在一个模块都有这四种对象的存在，程序模块之间的程序数据、例行程序、中断程序和功能是可以互相调用的。

项目3　工业机器人数控机床上下料应用

项目导入

21世纪以来，机器人已经成为现代工业中不可缺少的重要工具。机器人是最具代表性的现代多种高新技术的综合体，它可以反映一个国家的科技水平和综合国力，青年一代有责任创新与发展机器人技术。在柔性制造系统方面，机械手自动上下料装置是机器人技术的一个重要应用，随着机床的高速、高精度发展趋势，机床加工中自动上下料技术将具有更广阔的发展前景。工业机器人上下料工作站如图3-1所示。

实现数控机床与机器人的通信、创新研究机械手上下料系统的控制时序、将工业机器人上下料技术及数控车床加工技术进行有效组合，对于最终实现快速的高精度上下料功能等有着重要的实用意义。

自动生产线的计算机数控（computer numerical control，CNC）（简称数控）机床加工结合机器人，根据工艺顺序完成对区域中物料的上下料工作，具有稳定和提高产品质量、控制产品产量、改善工人劳动条件等优点。这种组合广泛应用于汽车和以工程机械为主的零部件加工等领域。

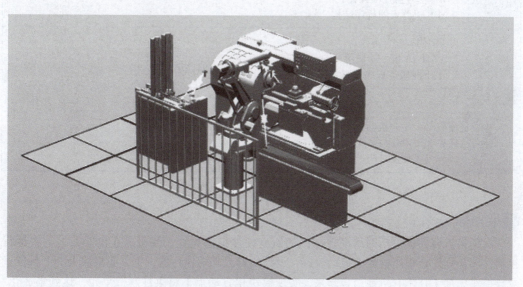

图3-1　工业机器人上下料工作站

项目目标

学习目标	知识目标： 1. 了解上下料机器人 DSQC651 板的配置方法； 2. 学会 I/O 信号监控与操作； 3. 学会系统输入/输出的使用； 4. 学会示教器可编程按键的使用； 5. 掌握工业机器人与数控机床作业整体流程； 6. 能对 ABB 机器人进行示教操作及上下料工艺编程； 7. 清楚 PLC 的程序结构，能够建立 PLC 主程序和机器人控制子程序； 8. 能根据工艺要求控制数控机床开门、关门、启动加工程序。 能力目标： 1. 具有探究学习、终身学习、分析问题和解决问题的能力； 2. 具有良好的语言、文字表达能力和沟通能力； 3. 具有本专业必需的信息技术应用和维护能力； 4. 能熟练对工业机器人进行现场编程； 5. 能通过查表找出机器人与 PLC、数控机床与 PLC 的通信地址对应关系。 素养目标： 1. 通过了解机床上下料装置在工业生产中的重要性，培养学生对职业的社会责任感； 2. 通过对工业机器人控制任务的学习，培养学生规范作业的良好职业素养； 3. 通过工业机器人上下料任务的实施，培养学生自主学习与创新意识； 4. 通过对上下料工位控制流程的理解，培养学生的节能意识和生产线生产的智能改造思维
知识重点	1. DSQC 651 板的配置方法； 2. I/O 信号监控与操作； 3. ABB 机器人的程序结构
知识难点	1. I/O 信号配置方法； 2. WAIT DI 指令的使用； 3. 上下料搬运程序编写与调试
建议学时	16
实训任务	任务 3.1 工业机器人上下料工作站认知与调试； 任务 3.2 PLC 与数控车床的连接； 任务 3.3 数控车床上下料联调控制

项目描述

  本项目需要完成包括网络配置在内的所有硬件组态配置，编写工业机器人上下料运行控制程序，规划合理的机器人运动轨迹，设计机器人末端执行器，把工业机器人上下料技术及数控车床加工技术有机地结合起来，实现模块化自动上下料柔性制造单元，达到集成化、高精度、高效率的效果。

学习指南

项目3内容框架如图3-2所示。

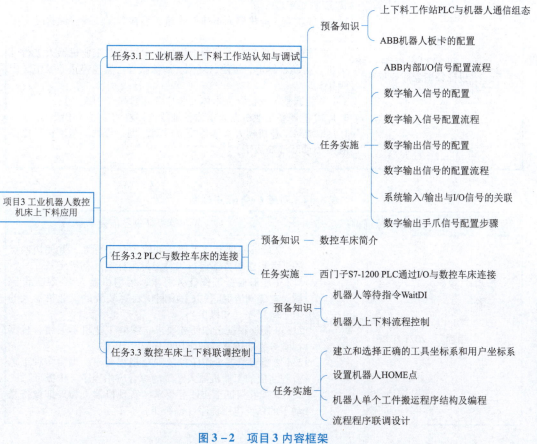

图3-2 项目3内容框架

项目技能对应的国家职业技能标准及1+X证书标准见表3-1和表3-2。

表3-1 对应国家职业技能标准技能要求

序号	国家职业技能标准	对应职业等级证书技能要求
1	工业机器人系统操作员（2020年版）	1.2.4 能识别机器人本体、机器人工作站或系统的气源和液压源接口，并连接液压和气动系统（中级工）； 1.2.5 能装配和更换数控机床、变位机等设备的工装夹具（中级工）； 1.3.1 能按照工艺要求检查工装夹具、末端执行器等机械部件的功能（中级工）； 3.1.1 能使机器人上电、复位，进入准备（Ready）状态（中级工）； 3.1.3 能使用示教器设定机器人的运行模式、运行速度、坐标系（中级工）； 3.1.5 能复位、解除因触发安全防护机制、急停按钮等导致的机器人停止状态（中级工）； 3.2.5 能启动、暂停、停止机器人运行程序，完成单步、连续等运行操作（中级工）

续表

序号	国家职业技能标准	对应职业等级证书技能要求
2	可编程序控制系统设计师国家职业标准	1.1.2 能使用扭矩扳手等工具检查工业机器人本体安装位置和紧固状态（中级工）； 1.1.5 能检查工业机器人本体齿轮箱、手腕等漏油或渗油状况（中级工）； 3.1.2 能使用工业机器人控制柜面板和示教器对工业机器人进行开关机、启动、停止、暂停、复位、解除报警、紧急停止等操作（中级工）； 3.1.9 能调整工业机器人本体安装位置并紧固（中级工）； 3.1.10 能调整工业机器人本体各轴限位挡块的位置（中级工）； 1.1.5 能对工业机器人本体各关节运动范围、负载、速度进行检测和故障诊断（高级工）

表 3 – 2　对应 1 + X 证书标准

序号	对标 1 + X 证书	对应职业等级证书技能要求
1	1 + X 证书《工业机器人应用编程》（2021 年版）	1.2.2 能够根据操作手册，创建工具坐标系，并使用四点法、六点法等方法进行工具坐标系标定（初级工）； 3.2.1 能够根据工作任务要求，运用机器人 IO 设置传感器、电磁阀等 IO 参数，编制供料等装置的工业机器人的上下料程序（初级工）； 2.3.2 能够根据工作任务要求，编制工业机器人结合机器视觉等智能传感器的应用程序（中级工）； 2.4.2 能够根据工作任务及安全规程要求，编制多种工艺流程组成的工业机器人系统的综合应用程序（中级工）； 2.3.3 能够根据工作任务要求，实现机器人与外部设备联动下的系统应用程序（高级工）

任务 3.1　工业机器人上下料工作站认知与调试

 任务描述

对工业机器人上下料工作站的认知与调试可以确保其正常运行和高效生产，包括对工作站的结构和功能进行了解、对机器人的编程和控制进行调试，以及对传感器和控制系统进行校准和调试。

工业机器人上下料工作站认识和 DSQC651 板卡配置

预备知识

典型工业机器人上下料工作站主要由 S7-1200 PLC、ABB 机器人、数控机床构成，如图 3 – 3 所示。

上下料机器人包括 ABB 机器人 IRB1410（见图 3 – 4）、IRC5 控制柜、FlexPendant 示教器、气动手爪。

图 3-3　典型工业机器人上下料工作站

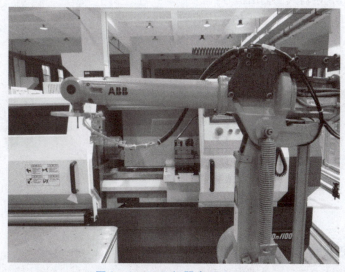

图 3-4　ABB 机器人 IRB1410

机器人手爪夹具以机械装置代替了手工夹取零件部位时的定位、夹紧功能，能准确、可靠地定位和夹紧工件，并能有效防止和减轻手爪变形，提高手爪质量，是机器人搬运作业不可或缺的周边设备。机器人手爪夹具如图 3-5 所示。

1. 上下料工作站 PLC 与机器人通信组态

要完成工业机器人上下料工作站控制系统的设计，首先需要解决工业机器人与工作站可编程控制器（programmable logical controller，PLC）的通信问题，PLC 与工业机器人控制系统顺利"握手"才能让二者进行信息交互，更好地互相配合完成上下料任务。因此，只有对工业机器人的通信 I/O，以及 PLC 的交互方式深度了解才能进行通信配置。通信配置流程如下：

图 3-5 机器人手爪夹具

（1）配置 ABB 机器人的 DeviceNet 板卡；
（2）配置 ABB 机器人的输入信号；
（3）配置 ABB 机器人的输出信号；
（4）配置 PLC 与 ABB 机器人的连接信号。

在机器人执行抓取任务的过程中，机器人的通信配置通过 PLC 向机器人发送信号实现。机器人端的信号配置过程如图 3-6 所示。

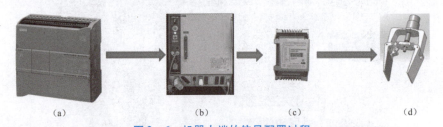

图 3-6 机器人端的信号配置过程
(a) PLC；(b) 控制柜；(c) DSQC 651 板；(d) 夹爪

2. ABB 机器人板卡的配置

机器人可通过 I/O 端口与外部设备交互。

（1）数字量输入：各种开关信号反馈，如按键开关、转换开关、接近开关等；传感器信号反馈，如光电传感器、光纤传感器；还有接触器、继电器触点信号反馈；另外还有触摸屏里的开关信号反馈。

（2）数字量输出：控制各种继电器线圈，如接触器、继电器、电磁阀；控制各种指示类信号，如指示灯、蜂鸣器。

ABB 机器人的标准 I/O 板的输入/输出都是即插即用（plug-and-play，PNP）类型。ABB 机器人常用的 DSQC 651 标准 I/O 板卡如图 3-7 所示。

DSQC 651 板主要提供 8 个数字输入（digital input，DI）信号、8 个数字输出信号和 2 个模拟输出（analog output，AO）信号的处理，其中输出信号 X1 端子定义见表 3-3，输入信号 X3 端子定义见表 3-4。

 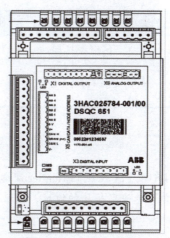

图 3-7 DSQC 651 标准 I/O 板卡

表 3-3 输出信号 X1 端子定义

X1 端子编号	使用定义	地址分配
1	OUTPUT CH1	32
2	OUTPUT CH2	33
3	OUTPUT CH3	34
4	OUTPUT CH4	35
5	OUTPUT CH5	36
6	OUTPUT CH6	37
7	OUTPUT CH7	38
8	OUTPUT CH8	39
9	0 V	
10	24 V	

表 3-4 输入信号 X3 端子定义表

X3 端子编号	使用定文	地址分配
1	INPUT CH1	0
2	INPUT CH2	1
3	INPUT CH3	2
4	INPUT CH4	3
5	INPUT CH5	4
6	INPUT CH6	5
7	INPUT CH7	6

续表

X3 端子编号	使用定义	地址分配
8	INPUT CHB	7
9	0 V	
10	未使用	

小贴士

ABB 标准I/O板卡是挂在 DeviceNet 网络上的，所以要设定模块在网络中的地址。X5 端子 6~12 的跳线用来决定模块的地址，地址可用范围在 10~63。X5 跳线如图 3-8 所示。

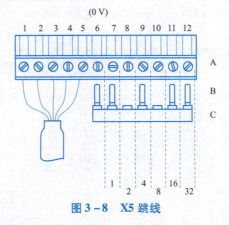

图 3-8　X5 跳线

如将图 3-8 中第 8 脚和第 10 脚的跳线剪去，就可以获得 2 + 8 = 10 的地址。定义 DSQC 651 板的总线连接流程如下。

任务实施

1. ABB 内部I/O信号配置流程

ABB 内部I/O信号配置流程见表 3-5。

表 3-5　ABB 内部I/O信号配置流程

步骤	操作说明	示意图
1	选择"控制面板"选项	

续表

步骤	操作说明	示意图
2	选择"配置"选项	
3	双击 DeviceNet Device 选项	
4	单击"添加"按钮	
5	单击"使用来自模板的值:"对应的下拉按钮	

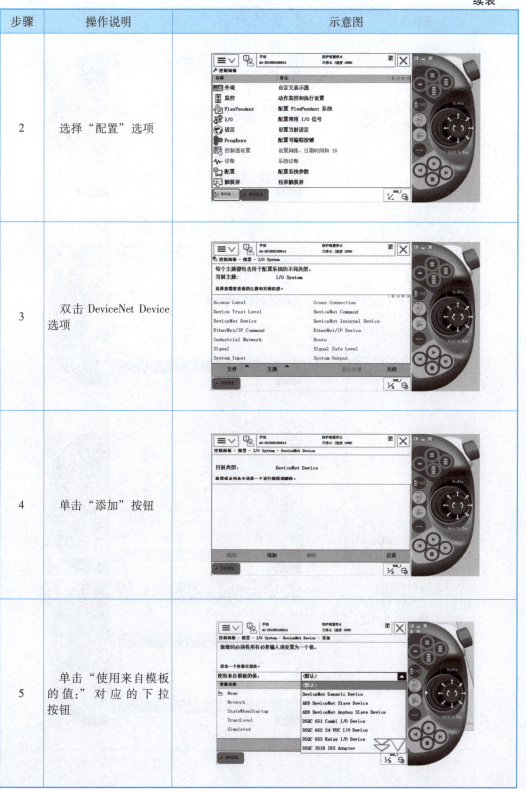

项目3 工业机器人数控机床上下料应用

步骤	操作说明	示意图
6	选择 DSQC 651 Combi I/O Device 选项，双击 Name 选项	
7	设置 DSQC 651 板在系统中的名字，如果不修改，则名字默认为 d651	
8	在系统中将 DSQC 651 板的名字设置为 board10（10 代表此模块在 DeviceNet 总线中的地址，方便识别），然后单击"确定"按钮完成设定	

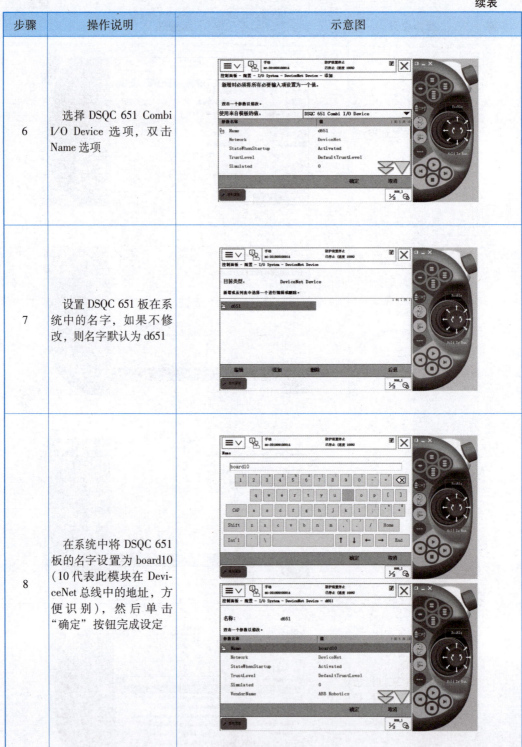

续表

步骤	操作说明	示意图
9	单击向下翻页箭头按钮	
10	Address 设置为"10",然后单击"确定"按钮	
11	单击"是"按钮,完成 DSQC 651 板的定义	

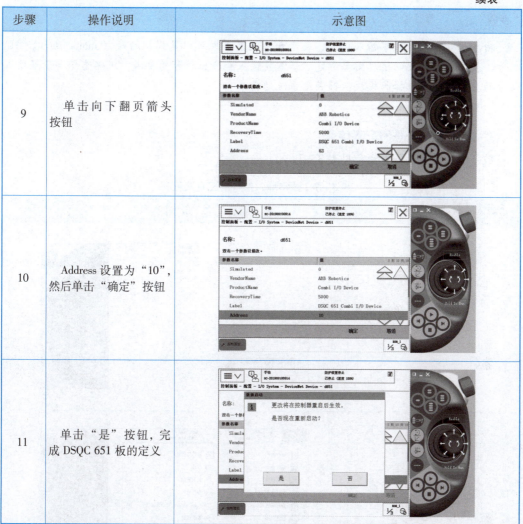

2. 数字输入信号的配置

完成板卡的配置后,可根据工艺需要的信号进行配置,信号配置分为输入信号和输出信号。

数字输入信号的相关参数见表 3-6,配置每个输入信号需要对以下参数进行定义。

表 3-6 数字输入信号的相关参数

参数名称	设定值	说明
Name	di1	数字输入信号的名字
Type of Signal	Digital Input	数字输入信号的类型
Assigned to Device	board10	数字输入信号所在的 I/O 模块
Device Mapping	0	数字输入信号所占用的地址

项目 3 工业机器人数控机床上下料应用 | 97

小贴士

输入信号可以是数字输入信号,表示开关状态;也可以是模拟输入(analog input,AI)信号,表示连续变化的值。需要清楚了解需要输入和输出信号的要求,正确选择和设置输入信号的类型,确保选择的模块能够满足系统的需求。

3. 数字输入信号的配置流程

数字输入信号的配置流程见表 3-7。

表 3-7 数字输入信号的配置流程

步骤	操作说明	示意图
1	单击左上角主菜单按钮	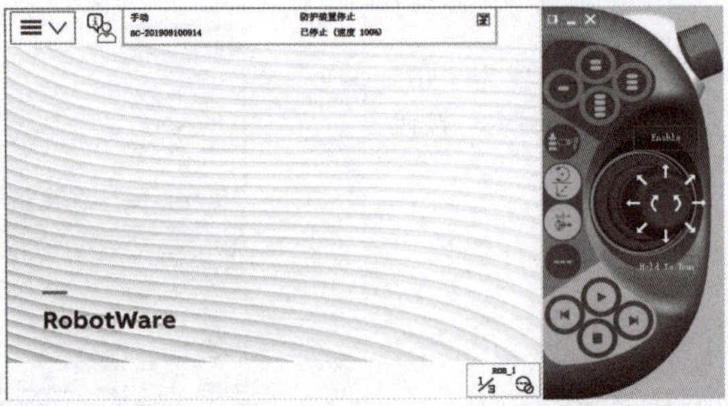
2	选择"控制面板"选项	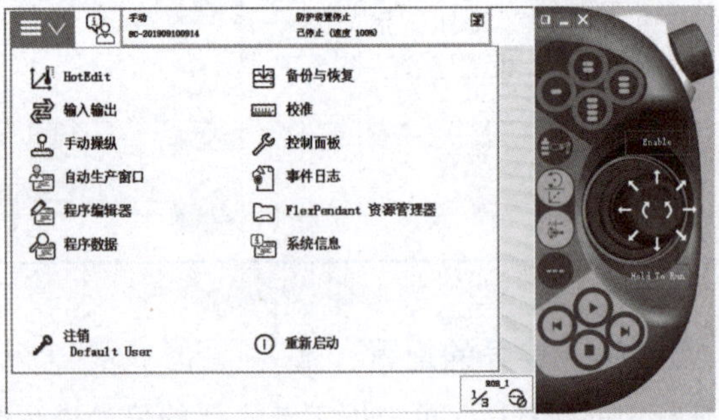
3	选择"配置"选项	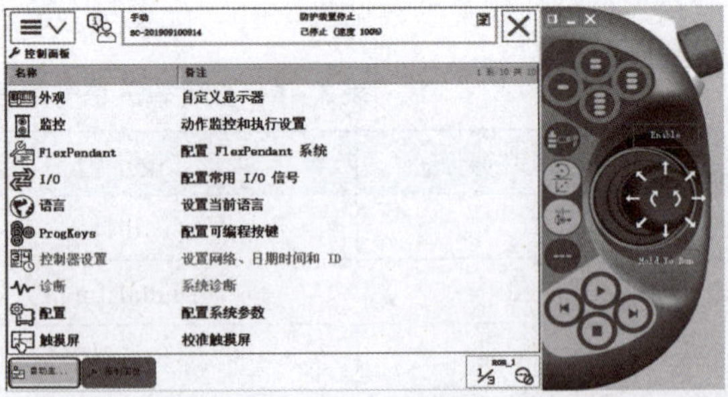

98 ■ 工业机器人典型应用与维护

续表

步骤	操作说明	示意图
4	双击 Signal 选项	
5	单击"添加"按钮	
6	双击 Name 选项	
7	在 Name 文本框中输入 di1,然后单击"确定"按钮,完成 Name 参数的设定	

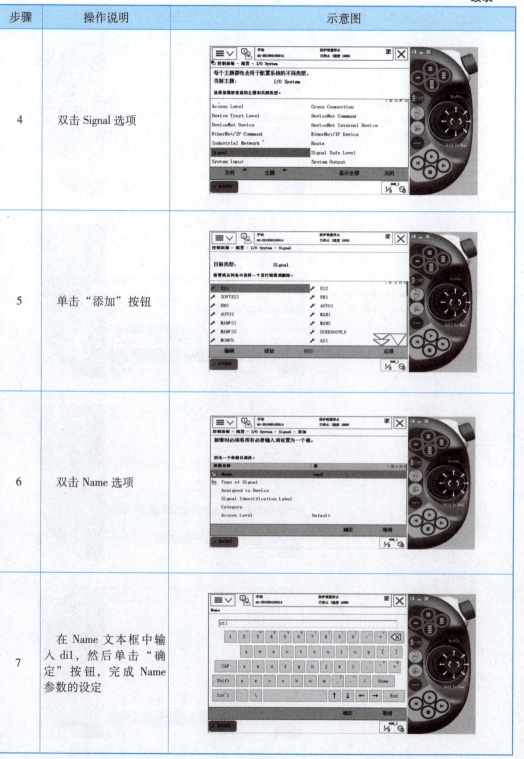

项目3 工业机器人数控机床上下料应用 99

续表

步骤	操作说明	示意图
8	双击 Type of Signal 选项，选择 Digital Input 选项	
9	双击 Assigned to Device 选项，选择 board10 选项	
10	双击 Device Mapping 选项	
11	在 Device Mapping 文本框中输入 0，然后单击"确定"按钮，完成 Device Mapping 参数的设定	

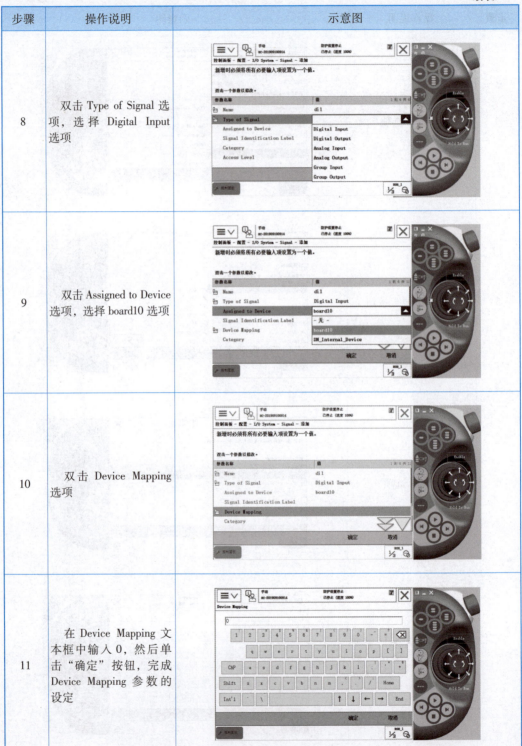

续表

步骤	操作说明	示意图
12	单击"确定"按钮	
13	单击"是"按钮，完成设定	
14	查看建立的输入信号	

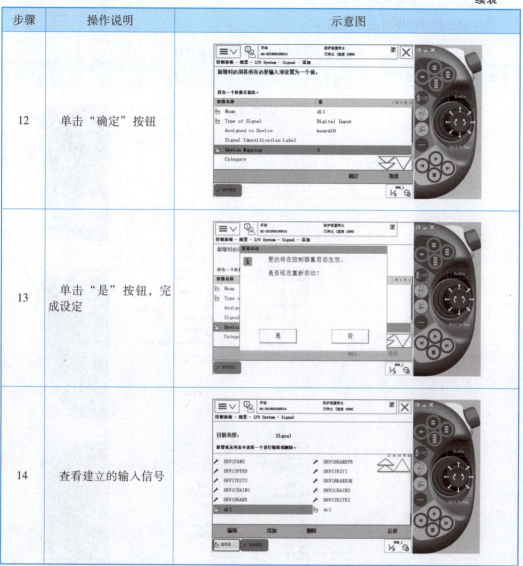

4. 数字输出信号的配置

数字输出信号的相关参数见表3-8，配置输出信号需要对以下参数进行定义。

表3-8 数字输出信号的相关参数

参数名称	设定值	说明
Name	do1	数字输出信号的名字
Type of Signal	Digital Output	数字输出信号的类型
Assigned to Device	board10	数字输出信号所在的I/O模块
Device Mapping	32	数字输出信号所占用的地址

项目3 工业机器人数控机床上下料应用 ■ 101

5. 数字输出信号的配置流程

数字输出信号的配置流程见表3-9。

表3-9 数字输出信号的配置流程

步骤	操作说明	示意图
1	单击左上角主菜单按钮	
2	选择"控制面板"选项	
3	选择"配置"选项	
4	双击 Signal 选项	

续表

步骤	操作说明	示意图
5	单击"添加"按钮	
6	双击 Name 选项	
7	在 Name 文本框中输入 do1,然后单击"确定"按钮,完成 Name 参数的设定	
8	双击 Type of Signal 选项,选择 Digital Output 选项	

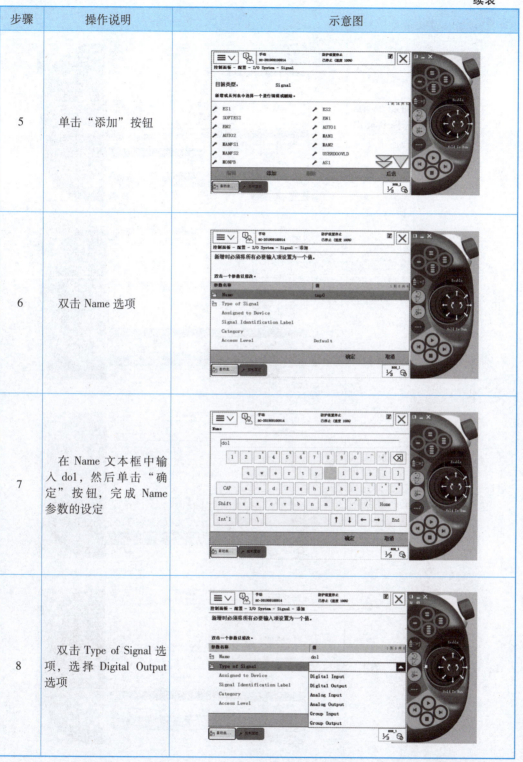

项目3 工业机器人数控机床上下料应用 103

续表

步骤	操作说明	示意图
9	双击 Assigned to Device 选项，选择 board10 选项	
10	双击 Device Mapping 选项	
11	在 Device Mapping 文本框中输入 32，然后单击"确定"按钮，完成 Device Mapping 参数的设定	
12	单击"确定"按钮	

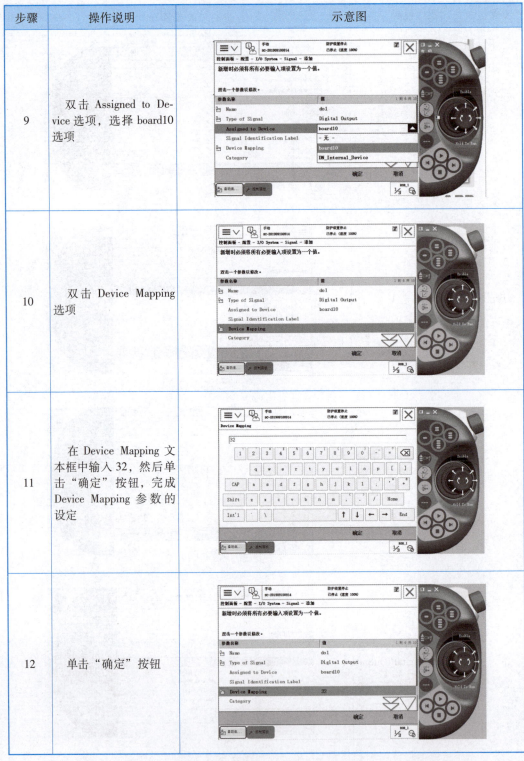

续表

步骤	操作说明	示意图
13	单击"是"按钮，完成设定	
14	查看建立的输出信号	

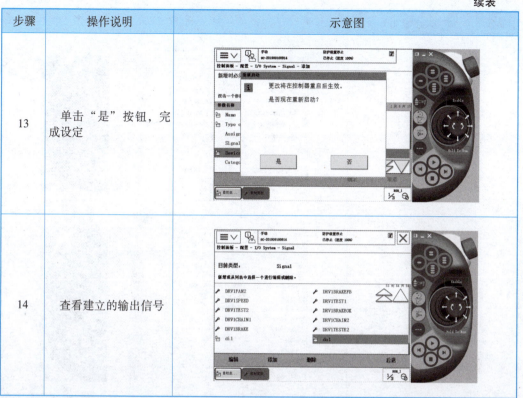

6. 系统输入/输出与I/O信号的关联

将数字输入信号与系统的控制信号关联起来，就可以对系统进行控制，如电机开启、程序启动等。

系统的状态信号也可以与数字输出信号关联起来，将系统的状态输出给外围设备，以作控制之用。

系统输入/输出与I/O信号关联的操作步骤见表3–10。

表3–10 系统输入/输出与I/O信号关联的操作步骤

步骤	操作说明	示意图
1	单击左上角主菜单按钮	

项目3 工业机器人数控机床上下料应用 ■ 105

续表

步骤	操作说明	示意图
2	选择"控制面板"选项	
3	选择"配置"选项	
4	双击 System Input 选项	
5	单击"添加"按钮	

续表

步骤	操作说明	示意图
6	双击 Signal Name 选项	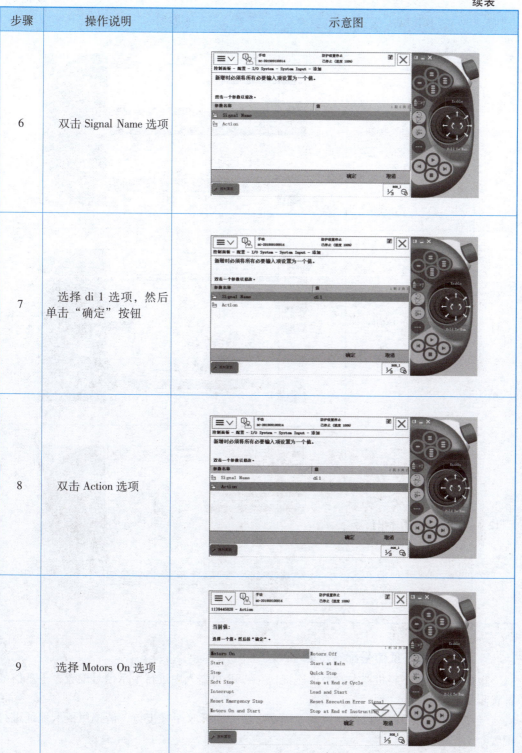
7	选择 di 1 选项，然后单击"确定"按钮	
8	双击 Action 选项	
9	选择 Motors On 选项	

项目 3　工业机器人数控机床上下料应用　107

续表

步骤	操作说明	示意图
10	单击"确定"按钮	
11	单击"是"按钮,完成设定	
12	查看建立的输出信号	

7. 数字输出手爪信号配置步骤

根据系统对上下料机器人的手爪连接,在 ABB 机器人中进行手爪信号配置,手爪信号配置步骤见表 3-11。

气动手爪电磁换向阀已经连接至 DSQ 651 板卡的第 N 个输出口,请按照板卡地址进行配置。

表 3-11　手爪信号配置步骤

步骤	操作说明	示意图
1	单击左上角主菜单按钮	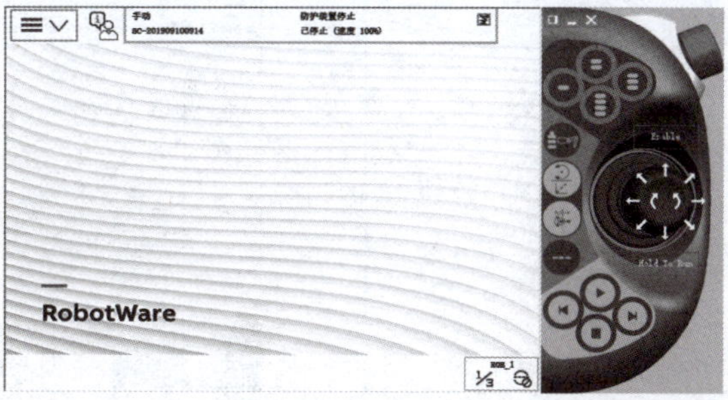
2	选择"控制面板"选项	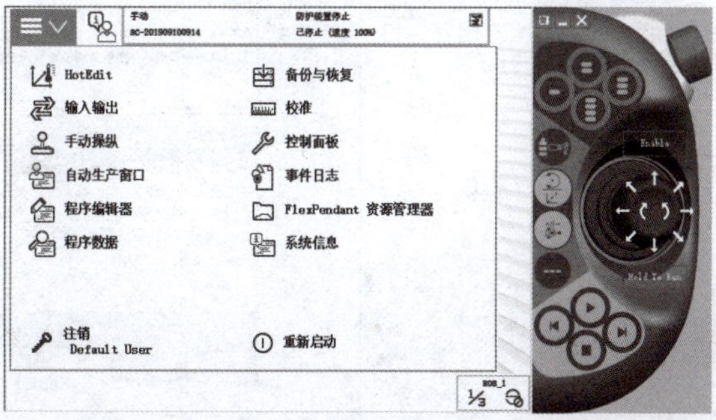
3	选择"配置"选项	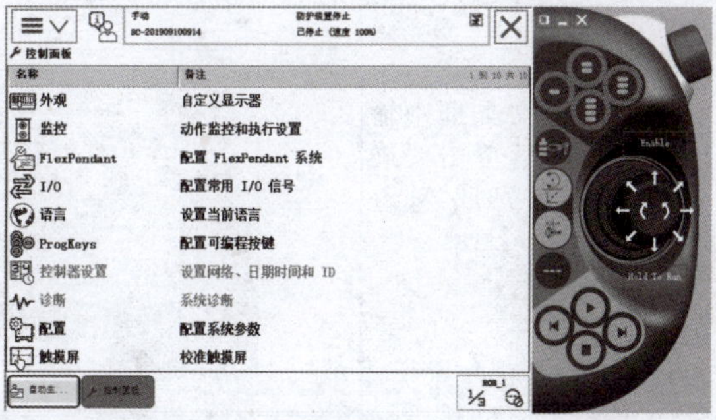
4	双击 Signal 选项	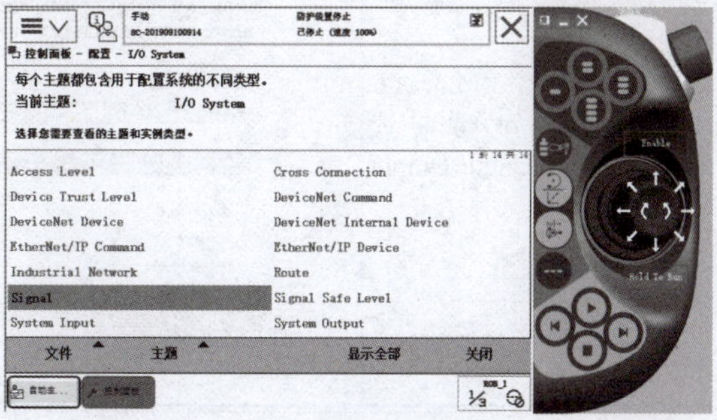

项目 3　工业机器人数控机床上下料应用

续表

步骤	操作说明	示意图
5	单击"添加"按钮	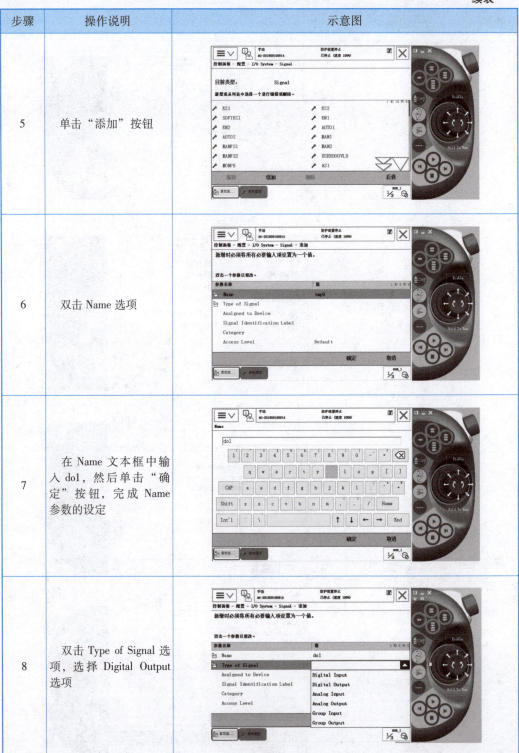
6	双击 Name 选项	
7	在 Name 文本框中输入 do1,然后单击"确定"按钮,完成 Name 参数的设定	
8	双击 Type of Signal 选项,选择 Digital Output 选项	

续表

步骤	操作说明	示意图
9	双击 Assigned to Device 选项，选择 board10 选项	
10	双击 Device Mapping 选项	
11	在 Device Mapping 文本框中输入 32，然后单击"确定"按钮，完成 Device Mapping 参数的设定	
12	单击"确定"按钮	

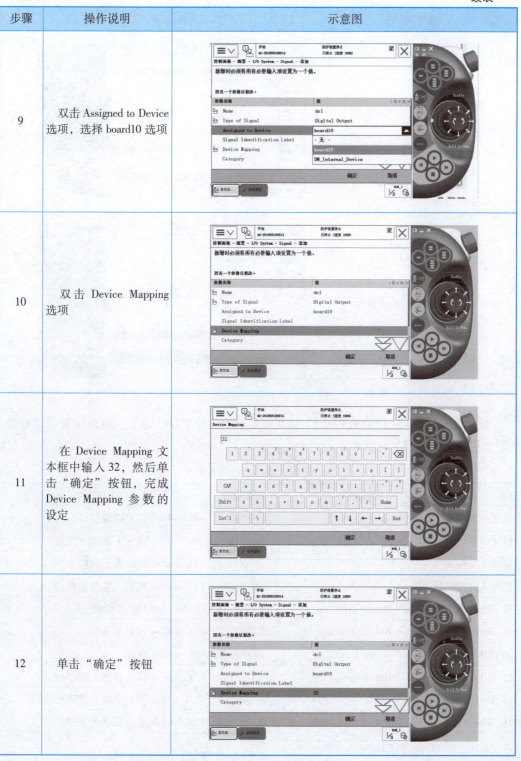

项目3 工业机器人数控机床上下料应用 ■ 111

续表

步骤	操作说明	示意图
13	单击"是"按钮，完成设定	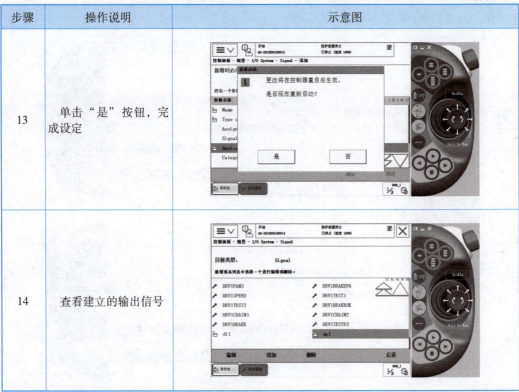
14	查看建立的输出信号	

根据工艺流程，进行常用 PLC 与 ABB 机器人的信号配置，为上下料搬运联调做准备，表 3-12 为参考信号交互表格。

表 3-12 参考信号交互表格

ABB 机器人信号功能	PLC 地址	功能描述
完成抓取信号	%I2.0	robot→PLC 完成抓取信号
机床下料取件完成	%I1.6	robot→PLC 机床下料取件完成
机器人上料信号	%Q0.6	PLC→robot 机器人上料信号
机器人取件信号	%Q0.7	PLC→robot 机器人取件信号
11_R04_DB.Com.PLCToRobot.DiBitLife_1	%Q600.0	PLC→robot PLC 生命位_1
11_R04_DB.Com.PLCToRobot.DiBitLife_2	%Q600.1	PLC→robot PLC 生命位_2
11_R04_DB.Com.PLCToRobot.Res02	%Q600.2	PLC→robot 备用
11_R04_DB.Com.PLCToRobot.DiStartRob	%Q600.3	PLC→robot 启动机器人程序的运行
11_R04_DB.Com.PLCToRobot.DiStopRob	%Q600.4	PLC→robot 停止机器人程序的运行
11_R04_DB.Com.PLCToRobot.DiResetEStop	%Q600.5	PLC→robot 复位机器人急停
11_R04_DB.Com.PLCToRobot.DiResetRobSysErr	%Q600.6	PLC→robot 复位机器人故障
11_R04_DB.Com.PLCToRobot.DiMotorOn	%Q600.7	PLC→robot 机器人电机上电

续表

ABB 机器人信号功能	PLC 地址	功能描述
11_R04_DB.Com.PLCToRobot.DiReadPgno	%Q601.0	PLC→robot 可以读入 PLC 送来的任务号
11_R04_DB.Com.PLCToRobot.DiPgnoOk	%Q601.1	PLC→robot 任务号传送成功
11_R04_DB.Com.PLCToRobot.DiDryRun	%Q601.2	PLC→robot 空运行
11_R04_DB.Com.PLCToRobot.DiTaskComplete	%Q601.3	PLC→robot 任务已经完成
11_R04_DB.Com.PLCToRobot.DiNoPartDryRun	%Q601.4	PLC→robot 没有工件
11_R04_DB.Com.PLCToRobot.DiGoToWork	%Q601.5	PLC→robot 开始工作
DoBitLife_1	%I600.0	robot→PLC 2Hz pluse
DoBitLife_2	%I600.1	robot→PLC 1Hz pluse
DoRobOk	%I600.2	robot→PLC 机器人安全链正常
DoInCycle	%I600.3	robot→PLC 机器人程序运行中
DoMovePause	%I600.4	robot→PLC 机器人运动暂停
DoEStop	%I600.5	robot→PLC 机器人急停
DoAutoMode	%I600.6	robot→PLC 自动模式
DoMotorOn	%I600.7	robot→PLC 机器人电机已上电
DoWaitPgno	%I601.0	robot→PLC 机器人等待 PLC 发送任务号
DoReadPgno	%I601.1	robot→PLC 机器人反馈的任务号可以供 PLC 读取
DoRobTaskFinish	%I601.2	robot→PLC 机器人程序号内所有工作已完成
DoDryRun	%I601.3	robot→PLC 空运行反馈
DoRobGotPgno	%I601.4	robot→PLC 机器人接受任务号工作已完成
Res13	%I601.5	robot→PLC 备用
DoRobInitSignal	%I601.6	robot→PLC 机器人正在初始化信号
Res19	%I602.3	robot→PLC 备用
Res20	%I602.4	robot→PLC 备用
DoPeoBackHome	%I602.5	robot→PLC 机器人已从 Pounce 位置回到 HOME 位置
DoRobAtPeo	%I602.6	robot→PLC 机器人在 Pounce 位置
DoRobAtHome	%I602.7	robot→PLC 机器人在 HOME 位置
DoRobSysFault	%I603.0	robot→PLC 机器人系统故障
DoRobCollision	%I603.1	robot→PLC 机器人发生碰撞
DoRobOnPath	%I603.2	robot→PLC 机器人在预定轨迹上
DoPrgFault	%I603.3	robot→PLC 机器人程序运行过程中发生问题

小贴士

机器人与机床控制系统的信息交互较容易理解,但实施起来学生经常会手足无措。学生需要从问题的本质进行分析,将问题分解成小目标,逐步瓦解任务中遇到的困难,最终解决复杂的问题。通过ABB板卡配置、数字输入/输出信号配置、系统输入/输出与I/O信号的关联、手爪信号配置等任务,完成工业机器人上下料工作站控制系统的通信。

任务评价

填写表3-13。

表3-13 任务评价表

观察清单	观察项目与标准	是否达成	观察者
职业素养	按实训要求进行安全着装		学生
	遵循控制系统设备上下电流程		学生
	实训工位定置定位摆放,严格执行5S管理		学生
	工位整齐、清洁		学生
	任务结束后对工位进行5S管理		学生
	认真积极参与研讨		教师
	积极参与小组活动与任务		教师
	较好地组织团队成员分工合作		教师
专业能力	能清晰、准确地描述机床上下料各模块名称及其功能		教师
	能独立完成ABB内部I/O信号配置		学生、教师
	能独立完成数字输出信号的配置		学生、教师
	能独立完成数字输出手爪信号配置		学生、教师
	能独立完成传感器和控制系统进行校准和调试		学生、教师
	达标数量		

任务3.2 PLC与数控车床的连接

PLC与数控机床通讯
IO配置与要求

任务描述

工业机器人可以根据预先编程的路径和动作,完成规定的数控机床上下料工作站的任务。首先要解决的是PLC与数控车床控制系统的信息交互和连接,通过PLC与数控车床的连接,可以实现对车床运动、加工参数、工件夹持等方面的控制和调整,提高生产效率和加工精度,减少人为操作的误差,实现工业生产的自动化和智能化。

预备知识

数控技术是一个国家制造业现代化的核心标志,实现加工机床及生产过程数控化是当今制造业的发展方向。数控车床机械加工柔性强、产品精度高、生产效率高的优势，给制造企业带来了丰厚的效益回报。

数控车床是使用较为广泛的数控机床之一，它主要用于轴类零件或盘类零件的内外圆柱面、任意锥角的内外圆锥面、复杂回转内外曲面和圆柱、圆锥螺纹等的切削加工，并能进行切槽、钻孔、扩孔、铰孔及镗孔等加工。

数控车床（见图3-9）可以按照事先编制好的加工程序，自动加工零件，它将零件的加工工艺路线、工艺参数、刀具的运动轨迹、位移量、切削参数及辅助功能按照数控机床规定的指令代码及程序格式编写成加工程序单，再把加工程序单中的内容记录在控制介质上，输入到数控机床的数控装置中，实现指挥机床加工零件。

图3-9 数控车床

西门子S7-1200 PLC通过I/O与数控车床连接，进行常用PLC与数控车床的信号配置，为上下料及车床动作步骤联调做准备，实现信号的发送和接收控制。配置完成后，控制机器人动作过程使用信号见表3-14。

表3-14 控制机器人动作过程使用信号

信号名称	PLC地址	功能描述
PLC > CNC Door Open	%Q11.5	PLC > CNC 车床防护门打开
PLC > CNC Door Close	%Q11.6	PLC > CNC 车床防护门关闭
PLC > CNC Station Alarm	%Q11.7	PLC > CNC 工作站报警
CNC > PLC AutoMode	%I13.0	CNC > PLC 车床自动
CNC > PLC Load Req	%I13.1	CNC > PLC 车床上料请求

续表

信号名称	PLC 地址	功能描述
CNC > PLC LoadLeave Ready	%I13.2	CNC > PLC 卡盘夹紧，车床准备机器人离开
CNC > PLC Unload Req	%I13.3	CNC > PLC 车床下料请求
CNC > PLC UnloadLeave Ready	%I13.4	CNC > PLC 卡盘松开，车床准备机器人离开
CNC > PLC Door Open	%I13.5	CNC > PLC 车床防护门打开到位
CNC > PLC Door Close	%I13.6	CNC > PLC 车床防护门关闭到位
CNC > PLC Alarm	%I13.7	CNC > PLC 车床报警
PLC > CNC Station AutoMode	%Q11.0	PLC > CNC 工作站自动
ST40_J03_BT15	%I10.3	ST40_J03_BT15 托盘检测传感器
Q10.6_Spare	%Q10.6	备用
Q10.7_Spare	%Q10.7	备用
PLC > CNC Rob In LoadPos	%Q11.1	PLC > CNC 机器人在放件位置
PLC > CNC Rob In SafePos	%Q11.2	PLC > CNC 机器人放件完成，在安全位置
I11.6_Spare	%I11.6	I11.6_Spare
I11.7_Spare	%I11.7	I11.7_Spare
Q10.3_Spare	%Q10.3	备用

任务评价

填写表 3-15。

表 3-15 任务评价表

观察清单	观察项目与标准	是否达成	观察者
职业素养	按实训要求进行安全着装		学生
	遵循控制系统设备上下电流程		学生
	实训工位定置定位摆放，严格执行 5S 管理		学生
	工位整齐、清洁		学生
	任务结束后对工位进行 5S 管理		学生
	认真积极参与研讨		教师
	积极参与小组活动与任务		教师
	较好地组织团队成员分工合作		教师
专业能力	能清晰、准确地描述 PLC 与数控车床的连接方式		教师
	能正确地配置 PLC 的关键 I/O 与车床实现通信		学生、教师
	能完成 PLC 与数控车床的初步控制		学生、教师
	达标数量		

任务3.3　数控车床上下料联调控制

数控车床上下料联调的
节拍设置与等待指令

任务描述

本任务通过编程控制数控车床和工业机器人的协同工作，实现自动化的上下料操作，包括对数控车床的加工参数、工件夹持等进行编程控制，同时协调工业机器人的动作路径和动作顺序，确保机器人能够准确地将原料或半成品从储料区取下，并放置到数控车床中进行加工，然后将加工完成的产品从机床上取下放置到下料区。通过联调控制，实现数控车床和工业机器人的协同作业，提高生产效率和生产线的自动化程度。

预备知识

1. 机器人等待指令 WaitDI

机器人按照从上到下的方式执行程序，即从第一条指令逐次扫描至程序结尾，不断循环。但是在某些应用场景，需要程序的等待、跳转及停止，会影响到程序的流程。

在机器人抓取物料的时候，机器人抓取完成后，需要待手爪停稳，机器人才能移动，这就需要程序等待一定时间或得到抓稳的反馈信号。WaitDI 指令能实现只有当数字输入信号满足相应值才通信的目的，是自动化生产重要组成部分，如机器人等待工件到位信号。

WaitDI Signal, Value[\MaxTime] [\TimeFlag];

Signal: 输入信号名称(signaldi)；

Value: 输入信号值(dionum)；

[\MaxTime]: 最长等待时间 s(num)；

[\TimeFlag]: 超时逻辑量(bool).

参考实例：

PROC PickPart( )

　　MoveJ pPrePick, vFastEmpty, zBig, tool1;

　　WaitDI di_Ready,1；∥机器人等待输入信号，直到信号 di_Ready 值为 1，才执行随后指令。

　　…

ENDPROC

2. 机器人上下料流程控制

在对机器人上下料进行控制时，需要梳理数控车床上料工作流程，列出信号交互关系列表，按照顺序进行信号交互，按照步骤实现数控车床上料工作。数控车床上料操作流程见表3-16。

表3-16　数控车床上料操作流程

步骤	操作流程	信号流向
1	准备就绪，等待机器人运行信号	robot
2	按下启动按键，由 PLC 发送启动信号给机器人； PLC 发送电机开启信号至机器人，并延时 2 s	PLC→robot

续表

步骤	操作流程	信号流向
3	PLC 发送运行启动信号至机器人	PLC→robot
4	机器人等待直至接收到启动电机和运行程序信号，进入回 HOME 点程序	robot
5	机器人运行至 HOME 点	robot
6	机器人运行至工件上 100 mm 处点 p10，用偏移指令实现向点 p20 的偏移；机器人垂直向下到抓取位置点 p20 后，抓取工件；机器人运行至工件上方 100 mm 处，发送抓取完成信号给 PLC	robot→PLC
7	PLC 发送信号至数控车床，安全门开门	PLC→CNC
8	开门到位传感器信号发至 PLC，PLC 发送放料信号给机器人，机器人运行上料程序	CNC→PLC
9	机器人执行上料程序，完成后将上料信号发送至 PLC	PLC→robot
10	PLC 发送信号至数控车床，安全门关门	PLC→CNC
11	PLC 发送信号至数控车床进入加工程序，完成后自动开门	PLC→CNC
12	开门到位后，PLC 发送信号给机器人，进入取件下料程序	CNC→PLC robot→PLC
13	机器人进入取件过程，完成后给 PLC 发送完成取件信号，并回到 HOME 点	PLC→robot

小贴士

以上是关于 ABB 机器人的一部分程序流程指令。使用程序流程指令时要注意指令后的可选参数，只有充分理解各参数的含义，才能使编程更加得心应手。合理利用程序流程指令，是每个机器人操作人员的必备技能之一。

任务实施

1. 建立和选择正确的工具坐标系和用户坐标系

在实施机器人上下料工艺前，需要对机器人末端的夹爪及机器人台面进行工具坐标系和用户坐标系标定。工具坐标系和用户坐标系选择正确后才能进行机器人示教操作和自动运行。

2. 设置机器人 HOME 点

机器人 HOME 点是机器人开始加工的初始位置，也是加工结束后机器人返回的最终位置。机器人 HOME 点程序通常使用绝对位置运动指令 MoveAbsJ。MoveAbsJ 指令使用机器人 6 个运动轴的轴角度值来定义目标位置，因此机器人执行此指令过程不受空间姿态影响，可直接运行到各轴指定的目标角度位置。将机器人手动运行到合适位置，为其示教当前点位置，作为机器人 HOME 点。程序中机器人工具选择 tool1（见图 3-10）。

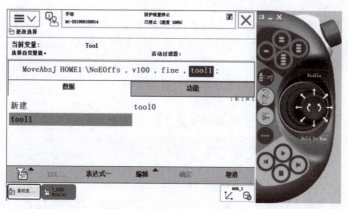

图 3-10 机器人工具选择

3. 机器人单个工件搬运程序结构及编程

1）构建上下料机器人程序结构

建立主程序 Module1（见图 3-11）。

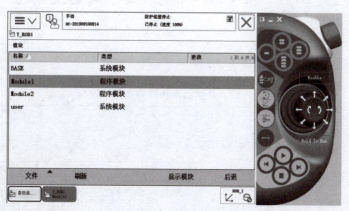

图 3-11 主程序 Module1

新建 4 个例行程序（见图 3-12）：原点 HOME1、抓取工件 ZHUAGONGJIAN、上料 SHANGLIAO、下料 XIALIAO。

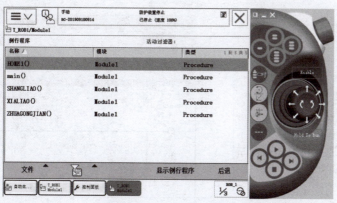

图 3-12 4 个例行程序

项目 3 工业机器人数控机床上下料应用 ▎119

2）编写机器人程序（参考工艺流程）

机器人末端安装夹爪，需要操作人员通过示教器完成机器人程序编写，运行机器人，将方形工件从工位上料至数控车床，然后将加工完毕的工件下料至仓储位。

（1）抓取工件。

①机器人从 HOME 点出发，运动至工件上方点 p10。

②从点 p10 出发以较低的速度运动至点 p20。

③启动机器人夹爪夹取工件，并延时等待 1 s。

④返回工件上方点 p10，然后运动至车床门外点 p30。

（2）上料。

①机器人从点 p30 出发以较低的速度运动至点 p40，放置工件至车床夹盘。

②机器人夹盘夹紧工件。

③机器人放松夹爪，退回至车床门外点 p30，并延时等待取件信号。

（3）下料。

①机器人从点 p30 出发，以较低的速度运动至点 p40，进入车床，夹紧抓取工件，退回至车床门外点 p30，延时 1 s 运动到仓储库点 p50 上方 100 mm 位置。

②垂直下降至点 p50 后，放松夹爪放置工件，延时 1 s 运动到仓储库位上方点 p50。

③机器人回 HOME 点。

4. 流程程序联调设计

自动上下料步骤及程序流程见表 3-17。

表 3-17　自动上下料步骤及程序流程

操作步骤	操作说明	示意图
1	准备就绪，等待机器人运行信号	
2	按下启动按键，由 PLC 发送启动信号给机器人；PLC 发送电机开启信号至机器人，并延时 2 s	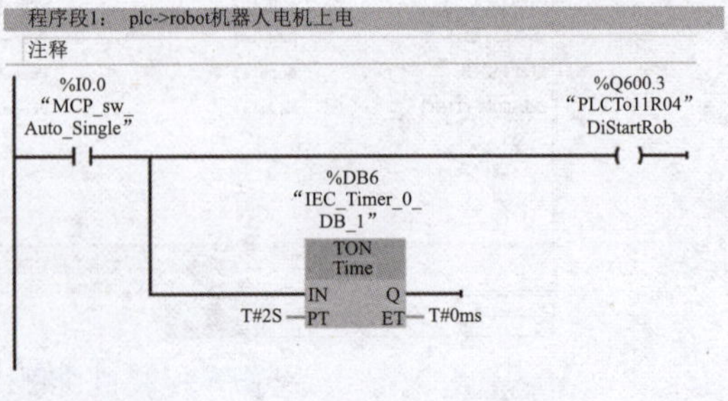

续表

操作步骤	操作说明	示意图
3	PLC 发送运行启动信号至机器人	程序段2：机器人完成上电返回信号后，启动机器人程序 注释 %I600.7 "11R04ToPLC" DoMotorOn — "IEC_Timer_0_DB_1".Q — %Q600.3 "PLCTo11R04" DiStartRob
4	机器人等待直至接收到启动电机和运行程序信号，进入回 HOME 点程序	PROC main() 　WaitDI di1, 1; 　WaitDI di2, 1; 　!Add your code here ENDPROC ENDMODULE
5	机器人运行至 HOME 点	PROC main() 　WaitDI di1, 1; 　WaitDI di2, 1; 　HOME1; ENDPROC PROC ZHUAGONGJIAN() 　<SMT> ENDPROC PROC SHANGLIAO()
6	运行至工件上方 100 mm 处点 p10，用偏移指令实现向点 p20 的偏移； 　垂直向下到抓取位置点 p20 后，抓取工件； 　运行至工件上方 100 mm 处，发送抓取完成信号给PLC	XIALIAO; ENDPROC PROC ZHUAGONGJIAN() 　MoveJ Offs(p20,0,0,100), v100, fine, to 　MoveL p20, v100, fine, tool1; 　Set do1; 　WaitTime 1; 　MoveJ p30, v100, fine, tool1; 　Set do2; ENDPROC PROC SHANGLIAO()

续表

操作步骤	操作说明	示意图
7	PLC 发送信号至数控车床，安全门开门	程序段3：接收机器人抓取完成信号，给CNC开门信号 %I2.0 "完成抓取信号" %M20.0 "Tag_2" (P) %M30.0 "Tag_1" %Q11.5 "PLC>CNC Door Open" (S)
8	开门到位，传感器信号发送至 PLC，PLC 发送放料信号给机器人，运行上料程序	程序段4：开门到位传感器信号发至PLC，PL发送放料信号给机器人 %I13.5 "CNC>PLC Door Open" %Q0.6 "机器人上料信号"
9	机器人执行上料程序，完成后，发送完成信号至 PLC	（示教器界面：PROC SHANGLIAO 程序）
10	PLC 发送信号至数控车床，安全门关门	程序段5：机器人上料信号，关闭安全门 %I10.7 "完成上料" %Q11.5 "PLC>CNC Door Open" (R) %Q11.6 "PLC>CNC Door Close" (S)
11	PLC 发送信号至数控车床，进入加工程序，完成后自动开门	程序段6：进入加工程序 %I13.6 "CNC>PLC Door Close" %Q11.0 "PLC>CNC Station AutoMode"

续表

操作步骤	操作说明	示意图
12	开门到位后，发送信号给机器人，进入取件下料程序	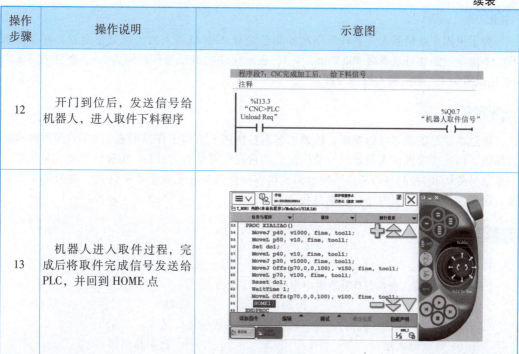
13	机器人进入取件过程，完成后将取件完成信号发送给PLC，并回到HOME点	

任务评价

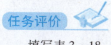

填写表3-18。

表3-18 任务评价表

观察清单	观察项目与标准	是否达成	观察者
职业素养	按实训要求进行安全着装		学生
	遵循控制系统设备上下电流程		学生
	实训工位定置定位摆放，严格执行5S管理		学生
	工位整齐、清洁		学生
	任务结束后对工位进行5S管理		学生
	认真积极参与研讨		教师
	积极参与小组活动与任务		教师
	较好地组织团队成员分工合作		教师
专业能力	能思路清晰地引导学生实施机器人的搬运任务		教师
	能独立实现机器人的搬运操作		学生、教师
	能独立传输机器人的搬运数据		学生、教师
	能完成机床上下料工作站的联调设计		学生、教师
达标数量			

拓展任务

为了巩固工业机器人上下料工作站控制系统与 ABB 机器人的信息交互配置，在 WaitDI di0, 1 指令后添加可选参数 MaxTime：=3，表示允许的最长等待时间为 3 s，如果在 3 s 内 di0 还没有为 1，则机器人报错处理。

项目小结

通过本项目的学习可以发现，机器人与数控机床上下料工作站的通信与 I/O 配置内容较为细致，因此要求操作人员在进行通信配置的过程中有足够的耐心，细致认真地完成机器人夹爪信号等 I/O 的控制与传递。同时也需要培养操作人员在工业生产中认真、细致的工作态度，这样才能不断克服困难，超越自我。

课后习题

1. 选择题

(1) ABB 机器人标准 I/O 板的供电电压为（　　）。
　　A. 10 V　　　　B. 24 V　　　　C. 48 V　　　　D. 60 V

(2) 以下不属于 ABB 机器人 DSQC652 标准 I/O 板的接口是（　　）。
　　A. 数字输入接口　　　　　　　　B. 数字输出接口
　　C. DeviceNet 接口　　　　　　　D. 以太网接口

(3) 假如你是一名机器人维修人员，现有一台机器人运行过程中发生故障需要维修，你需要（　　）。
　　A. 加标锁定　　　　　　　　　　B. 放置维修标识
　　C. 跟操作人员口头协定　　　　　D. 找一名同伴帮你把风

(4) 描述机器人末端工具数据的参数不包括工具的（　　）。
　　A. TCP　　　　B. 大小　　　　C. 质量　　　　D. 重心

(5) 机器人调试过程中，一般将其置于（　　）。
　　A. 自动状态　　　　　　　　　　B. 防护装置停止状态
　　C. 手动全速状态　　　　　　　　D. 手动限速状态

(6) 使用气动夹爪作为工业机器人的末端执行器，夹爪不能正常抓起物体时，无须对（　　）进行检修。
　　A. 电磁铁　　　　　　　　　　　B. 气路控制系统
　　C. 夹爪执行机构　　　　　　　　D. 气源及气路

(7) 等待一个输入信号状态变为设定值的指令是（　　）。
　　A. WaitDO　　　B. WaitDI　　　C. WaitAI　　　D. WaitAO

(8) 等待一个指定的时间后，程序继续往下执行的指令是（　　）。
　　A. Wait　　　　B. WaitTime　　C. WaitUntil　　D. WaitDI

(9) 等待一个条件满足后，程序继续往下执行的指令是（　　）。
　　A. Wait　　　　B. WaitTime　　C. WaitUntil　　D. WaitDI

(10) 执行程序"WaitUntil di1 = 1 AND di2 = 1;"，在（　　）的情况下结束等待。
　　A. di1 = 1　　　　　　　　　　　B. di2 = 1
　　C. di1 = 1，di2 = 0　　　　　　　D. di1 = 1，di2 = 1

2. 判断题

（1）ABB 标准I/O板卡安装完成后，只需将I/O板卡添加到 DeviceNet 总线上，即可在示教器和软件中使用。　　　　　　　　　　　　　　　　　　　　　　　　　　（　　）

（2）Set 指令可以将 do1 信号置位为 1。　　　　　　　　　　　　　　　　（　　）

（3）工具数据用于描述安装在机器人第六轴上工具的 TCP、重心和质量等参数数据。
　　　　　　　　　　　　　　　　　　　　　　　　　　　　　　　　　（　　）

（4）ABB 机器人常见通信方式分为 PC、现场总线、ABB 标准I/O板卡。　（　　）

（5）给机器人系统添加数字I/O信号只需要设定信号名称、信号类型即可。　（　　）

3. 简答题

现场有一台数控加工机床、一套 PLC 控制系统、一台合适的 ABB 机器人，现有机器人要从指定位置 A 取到原始物料，将物料放置到数控机床的加工位置 B（机床加工门需要利用信号反馈控制），最后将加工成品取出放置到成品仓库位置 C。根据以上要求设计足够的I/O通信信号，列表说明配置I/O的作用，并写出 ABB 机器人的控制逻辑流程。

☞ **答案**

1. 选择题

（1）B　　（2）D　　（3）A　　（4）B　　（5）D　　（6）A　　（7）B　　（8）B　　（9）C　　（10）D

2. 判断题

（1）×　　（2）√　　（3）√　　（4）√　　（5）×

3. 简答题

略

项目4 工业机器人弧焊应用

项目导入

机器人弧焊作业是工业机器人利用焊接系统，根据焊接对象与要求，完成对工件电弧焊接的过程。弧焊机器人具有提高焊接质量、明确产品周期、控制产品产量、改善工人劳动条件等优点，广泛应用于汽车零部件、五金薄板、工程机械等领域。

项目目标

学习目标	知识目标： 1. 了解工业机器人弧焊工作站的基本组成； 2. 理解机器人焊接作业整体流程； 3. 掌握弧焊电源控制原理； 4. 掌握弧焊机器人I/O信号配置方法； 5. 掌握机器人焊接指令的使用； 6. 掌握弧焊工艺参数调节方法。 能力目标： 1. 能简要地描述弧焊工作站各组成模块功能； 2. 能清楚地表述机器人焊接作业的过程及注意事项； 3. 能简要描述气体保护焊接工作原理； 4. 能根据模拟信号模块参数对焊接参数进行计算并在示教器完成I/O信号配置； 5. 能根据焊缝类型选用合适焊接指令； 6. 能根据焊接工件工艺参数在机器人中设置合适焊接参数； 7. 能根据焊接缺陷分析其原因。 素养目标： 1. 通过了解焊接在工业生产中的重要性，培养学生对职业的社会责任感； 2. 通过焊接作业学习，培养学生安全作业及职业素养要求； 3. 通过弧焊原理、操作步骤的学习，培养学生自主学习与创新意识； 4. 通过焊接质量检查和质量控制，培养学生质量意识和精益求精的大国工匠精神
知识重点	1. 弧焊作业原理； 2. 焊接指令的使用； 3. 焊接工艺参数的选用
知识难点	1. 模拟量与焊接工艺参数的转化关系； 2. 弧焊机器人I/O信号配置
建议学时	16
实训任务	任务4.1 工业机器人弧焊工作站认知； 任务4.2 弧焊机器人I/O信号配置； 任务4.3 弧焊机器人焊接程序编写与调试

项目描述

本项目以国内某汽车品牌汽车零部件焊缝为例,进行弧焊机器人焊接程序编写学习。待焊接汽车零部件如图4-1所示。

图4-1 待焊接汽车零部件

学习指南

项目4内容框架如图4-2所示。

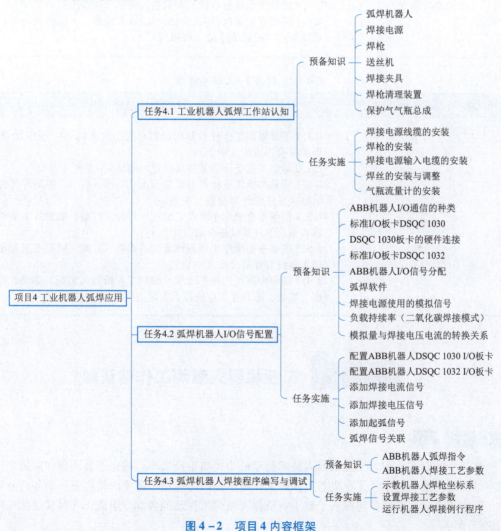

图4-2 项目4内容框架

项目技能对应国家职业技能标准及 1+X 证书标准见表 4-1 和表 4-2 所示。

表 4-1 对应国家职业技能标准

序号	国家职业技能标准	对应职业等级证书技能要求
1	工业机器人系统操作员（2020 年版）	1.2.1 能装配搬运、码垛、焊接、喷涂、装配、打磨等机器人工作站或系统的周边配套设备（高级工）； 1.3.2 能调节液压和气动系统压力、流量等（高级工）； 3.2.1 能根据机器人输入/输出信号通断，调整机器人运行状态（高级工）； 3.2.3 能利用示教器控制外部辅助轴调整移动平台、变位机器等设备的功能（高级工）
2	工业机器人系统运维员（2020 年版）	3.1.1 能配置工业机器人输入输出（I/O）信号（高级工）； 3.1.2 能配置与工业机器人相关的周边设备参数（高级工）； 3.1.3 能使用示教器修改和存储工业机器人程序（高级工）； 3.1.4 能使用示教器调试工业机器人程序（高级工）； 4.1.1 能建立工业机器人、可编程逻辑控制器、上位控制与管理系统等之间的通信连接（高级工）

表 4-2 对应 1+X 证书标准

序号	1+X 证书标准	对应职业等级证书技能要求
1	1+X 证书《工业机器人应用编程》（2021 年版）	1.1.1 能够根据工作任务要求设置总线、数字量 IO、模拟量 IO 等扩展模块参数（中级）； 1.1.2 能够根据工作任务要求设置、编辑 IO 参数（中级）； 1.3.1 能够按照作业指导书安装装配、焊接、打磨、雕刻等工业机器人系统的外部设备（中级）； 1.3.2 能够根据操作手册设定装配、焊接、打磨、雕刻等工业机器人系统的外部设备参数（中级）； 1.3.3 能够根据操作手册调试装配、焊接、打磨、雕刻等工业机器人系统的外部设备（中级）； 2.4.1 能够根据工作任务要求，编制工业机器人装配、焊接、打磨、喷涂、雕刻等工业机器人系统应用程序（中级）

任务 4.1 工业机器人弧焊工作站认知

任务描述

在当今的制造业中，工业机器人技术已经成为提高生产效率、确保产品质量和降低生产成本的关键因素。其中，工业机器人弧焊工作站更是广泛应用于各类焊接作业，为各行业带来了巨大的便利。本任务将深入了解工业机器人弧焊工作站的各部分组成，并对其功能与应用进行学习。

预备知识

随着中国制造业的发展和升级,自动化技术的应用变得尤为重要。焊接机器人作为现代制造业自动化生产线的重要组成部分,可以缓解我国劳动力供应紧张的问题,尤其是在一些重复性高、劳动强度大的工作岗位上,引入焊接机器人可以缓解劳动力短缺问题,并能提高生产效率、降低成本、提高产品质量,帮助我国实现产业升级和转型。同时,弧焊机器人在生产的应用中还具备以下优点。

(1) 安全生产:焊接作业涉及高温、火花和有害气体等危险因素,容易对操作人员的生命安全和身体健康构成威胁,引入弧焊机器人可以将操作人员与危险环境隔离,提高生产安全性。

(2) 提高生产效率与企业竞争力:焊接机器人具备高速、高精度和连续作业的特点,相比于传统手工焊接,可以大幅提高焊接速度和生产效率。通过提高生产效率,企业可以降低生产成本,提高产品交付速度,提升竞争力。

(3) 推动智能制造发展:弧焊机器人是智能制造的重要组成部分。通过与其他智能设备和系统的集成,弧焊机器人可以实现柔性生产、自动化调度和数据化管理,推动我国制造业向智能化、数字化转型。

典型工业机器人弧焊工作站主要由机器人控制系统、机器人本体、焊枪、焊接电源、送丝机、焊枪清理装置、工作台、焊接夹具等部分组成,如图4-3所示。

工业机器人弧焊工作站组成

图4-3 典型工业机器人弧焊工作站

1. 弧焊机器人

弧焊机器人包括工业机器人本体、控制柜、示教器、焊枪、送丝机。例如,工业机器人IRB2600-12/1.65本体由各关节伺服电机、机械臂、传动机构及内部传感器组成,焊枪与机器人手臂通过法兰盘连接。由于其工作范围大、运动精度高、具有出色的负载能力,并且可确保机器人末端焊枪能到达所要求的位置与姿态,因此常被选作弧焊机器人。IRB2600-12/1.65机器人特性参数见表4-3,工作范围示意如图4-4所示。

表4-3 IRB2600-12/1.65机器人特性参数

机器人型号	工作范围/m	负载能力/kg	手臂负载/（N·m）	
			轴4、轴5	轴6
IRB2600-12/1.65	1.65	12	1.8	10.0

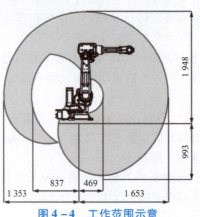

图4-4 工作范围示意

2. 焊接电源

弧焊焊接电源是为焊接提供电源的设备。焊接前需要根据所使用的焊丝材料、搭接板材、工艺质量确定焊机品牌与型号。对于所使用的焊机品牌型号需要了解适用输入电源、焊丝材料、输出电流电压范围、控制方式及通信方式等参数信息。在焊接过程中，根据来自弧焊机器人的参数信息及焊机电源操作面板设置的参数信息对焊接过程的电压、电流、送丝速度、保护气流量等进行控制，以提高焊接质量，YD-350FR2数字逆变二氧化碳焊机如图4-5所示。

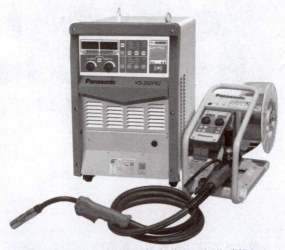

图4-5 YD-350FR2 数字逆变二氧化碳焊机

3. 焊枪

焊枪（见图4-6）是指焊接过程中执行焊接操作的部分。焊接过程中焊枪将焊接电源产生的大电流热量集中在焊枪末端，用来熔化焊丝，焊丝熔化后渗透到焊接部位中。机器人的焊枪大多安装在机器人关节末端的法兰盘上。

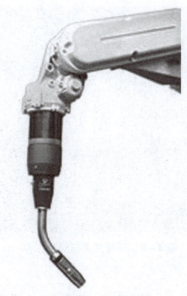

图 4-6 焊枪

4. 送丝机

送丝机是一个可以根据设定的参数连续稳定送出焊丝的自动化送丝装置。送丝机安装在焊接机器人的关节4上，如图4-7所示，由送丝电机、压紧机构、送丝滚轮、加压控制柄等结构组成。送丝机主要工作过程为：送丝电机驱动送丝滚轮运动，由于加压控制柄与焊丝间存在摩擦力，在摩擦力作用下将焊丝平稳地送出焊枪末端。若送丝过程存在卡丝现象，则可调节加压控制柄，增大其与焊丝之间的摩擦力。

图 4-7 送丝机

5. 焊接夹具

焊接夹具使用机械装置对装配零件进行定位和夹紧，能够准确、可靠地定位和夹紧焊接工件，并能有效地防止和减轻焊接变形，提高焊接质量，是机器人焊接作业不可缺少的周边设备。焊接夹具与焊接工件如图4-8所示。

图4-8 焊接夹具与焊接工件

6. 焊枪清理装置

在弧焊过程中不可避免地会产生焊渣飞溅，部分焊渣会积滞在焊枪头部，当焊渣过多时会影响焊接过程的进行；同时，在焊接过程中，焊接目标区域不清洁也会导致焊丝尖端积累杂质，这些焊渣和杂质会影响焊弧的产生，因此需要焊枪清理装置对焊枪进行清枪，对焊丝杂质进行清理。

焊枪清理装置（见图4-9）主要包含焊丝修剪、焊渣清理和沾油装置。

图4-9 焊枪清理装置

7. 保护气气瓶总成

气瓶总成装置由气瓶、压力表、气体减压装置、流量计等部件组成，结构如图 4-10 所示。气瓶 PVC 气管与机器人送丝机构相连接，在焊接过程中，焊枪喷出保护气体用于保护金属熔滴及熔池免受外界氢气、氧气、氮气等气体侵蚀。弧焊过程中有惰性气体保护焊（metal inert-gas arc welding，MIG），即使用氩气、氦气作为保护气；混合气体保护焊（metal active gas arc welding，MAG），即使用氩气、二氧化碳作为保护气；二氧化碳气体保护焊，即使用二氧化碳作为保护气。

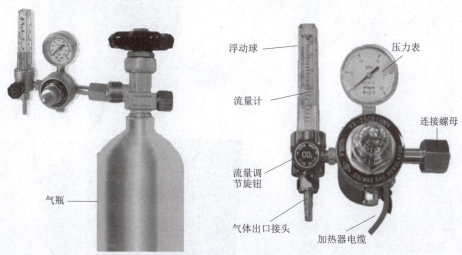

图 4-10 保护气气瓶总成装置

本任务为工业机器人焊接装置的安装，开始任务前需要按图 4-11 所示，准备好安装焊接装置所需的设备与线缆。

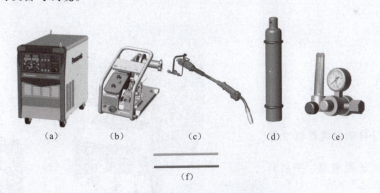

图 4-11 焊接装置安装所需设备与线缆

（a）焊接电源；（b）送丝机；（c）焊枪；（d）气瓶；（e）流量计；（f）气管和电缆

1. 焊接电源线缆的安装

焊接电源线缆的安装步骤见表 4-4。

表4-4 焊接电源线缆的安装步骤

操作步骤	操作说明	示意图
1	打开输出端子保护罩	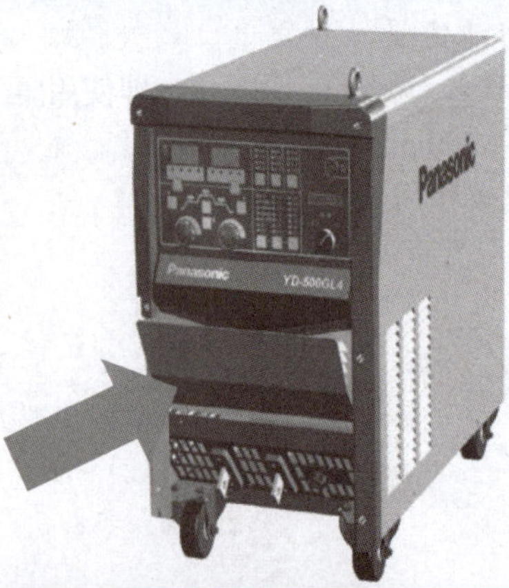
2	从左到右分别接入母材侧电缆、送丝机电缆、控制电缆	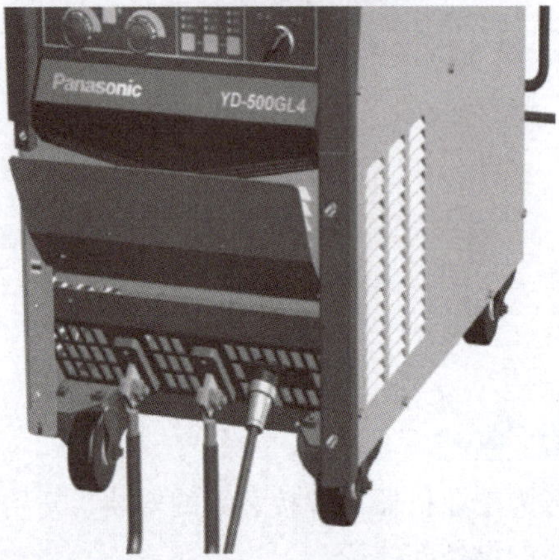
3	将母材侧电缆连接至焊接母材； 将送丝机电缆、控制电缆连接至送丝机	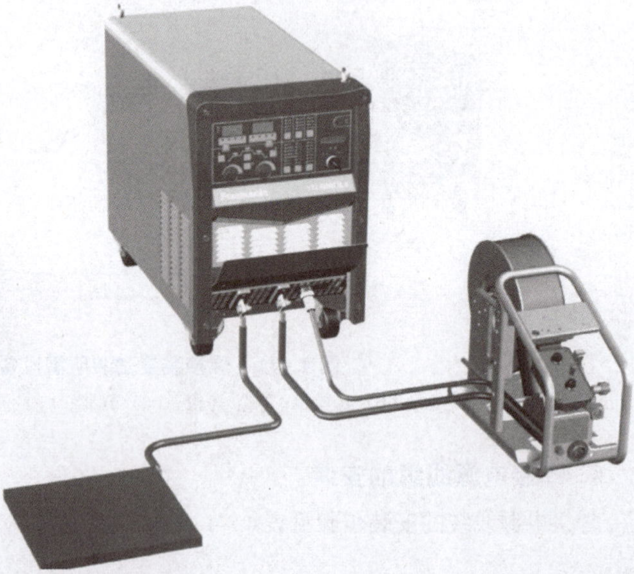

2. 焊枪的安装

焊枪的安装步骤见表 4-5。

表 4-5　焊枪的安装步骤

操作步骤	操作说明	示意图
1	选择与焊丝直径相匹配的导电嘴型号，将导电嘴接头、喷嘴接头、气筛、导电嘴、喷嘴依次装入并旋紧，完成焊枪枪头部分安装	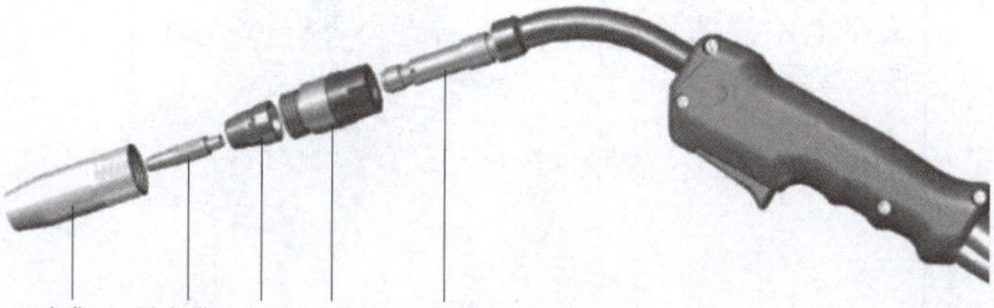 喷嘴　导电嘴　气筛　喷嘴接头　导电嘴接头
2	确认送丝管与使用的焊丝直径相匹配	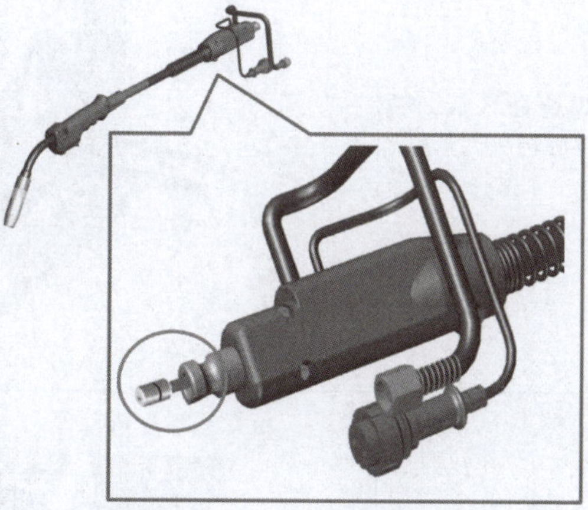
3	焊枪电缆捋直，顺时针方向转动电缆，同时推送送丝管，直至 O 形密封圈完全推入，露出 4~7 mm	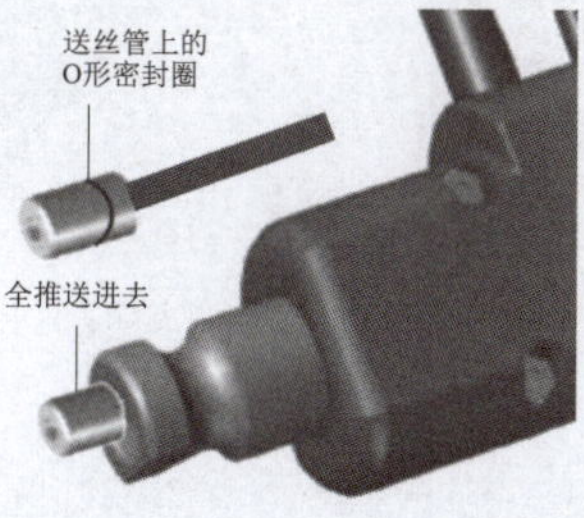 送丝管上的 O 形密封圈　全推送进去

项目 4　工业机器人弧焊应用

续表

操作步骤	操作说明	示意图
4	将焊枪插头安装至送丝机 C.C 接口上，安装时焊枪插头平面示意图见右图放大部分	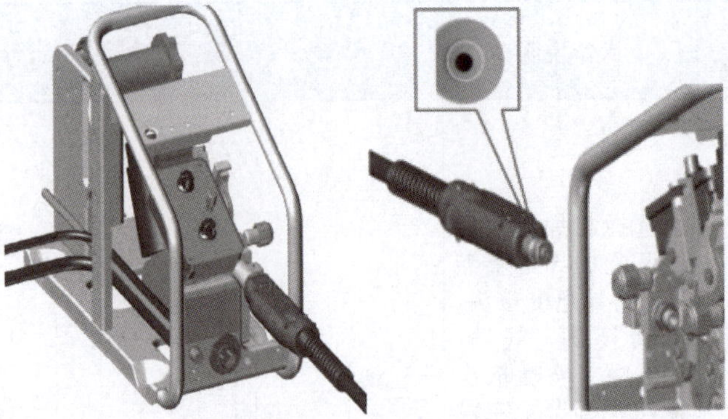
5	焊枪插入后，顺时针旋转90°拧紧	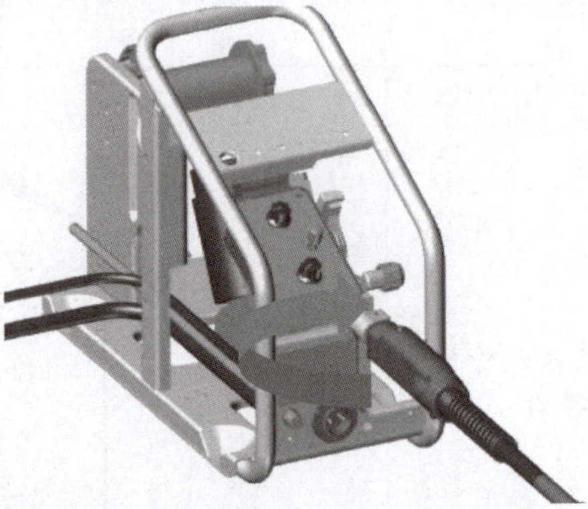
6	用六角扳手拧紧焊枪与送丝机接口；连接焊枪开关与气管	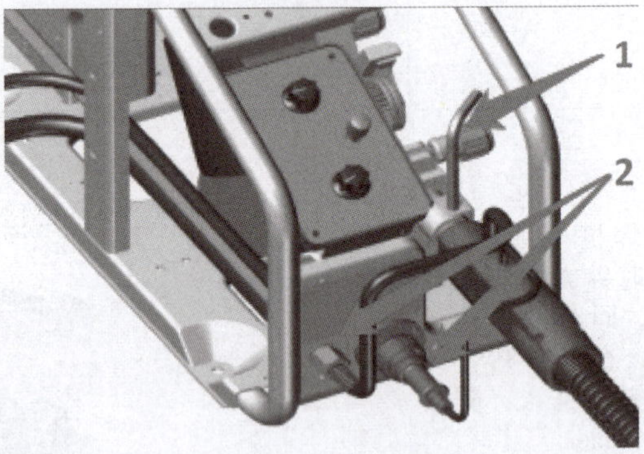

3. 焊接电源输入电缆的安装

焊接电源输入电缆的安装步骤见表4-6。

表4-6 焊接电源输入电缆的安装步骤

操作步骤	操作说明	示意图
1	将来自配电箱的三相380 V 电源线接到位于焊机后部的输入端子台上（350 A 电源的输入电缆截面要求 6 mm² 以上）	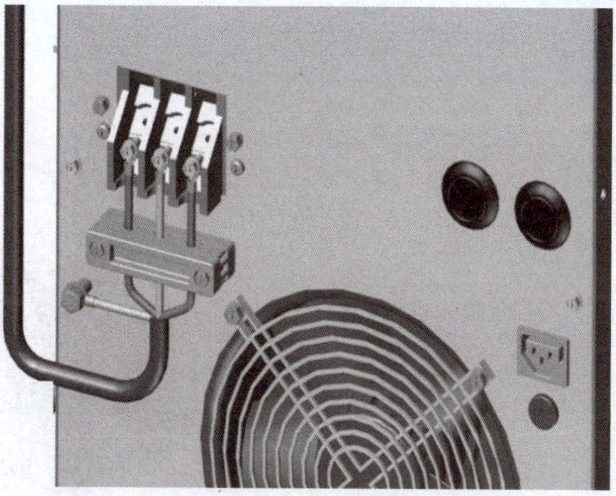
2	螺栓（M10 mm 螺栓）穿过地线电缆端子和齿型垫，将齿型垫放置在最外侧，接到地线专用位置（接地标志处）； 安装电缆固定夹； 安装端子台护罩	
3	上端子接外电输入电缆； 下端子接焊机电源线的输入电缆	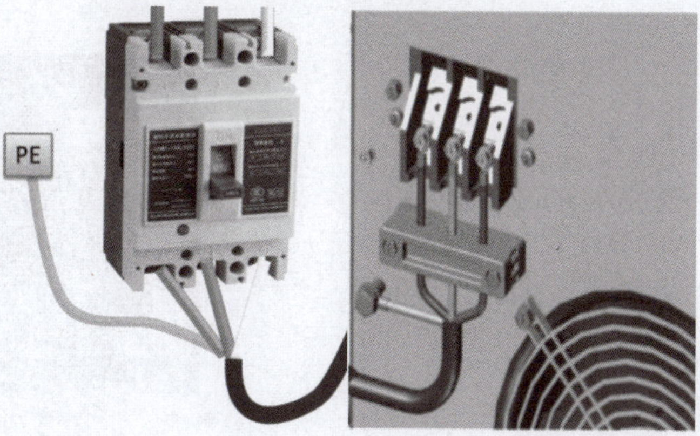

项目4 工业机器人弧焊应用 137

4. 焊丝的安装与调整

焊丝的安装与调整步骤见表4-7。

表4-7 焊丝的安装与调整步骤

操作步骤	操作说明	示意图
1	将焊丝放入盘轴，端盖锁紧	
2	拧紧盘轴端盖，防止焊丝盘脱落	
3	将焊丝依次穿过焊丝导向杆、中心导向杆、送丝轮、导套帽	

138　工业机器人典型应用与维护

续表

操作步骤	操作说明	示意图
4	确认送丝轮的规格与使用的焊丝一致；放下压丝轮；压好加压手柄，调节加压手柄的刻度与使用的焊丝参数一致	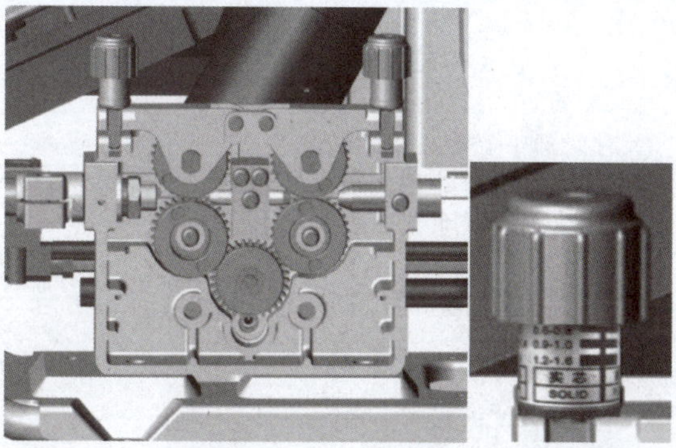
5	焊枪尽量拉直，按下手动送丝按键，通过电流调节电位器调整送丝速度，送出焊丝	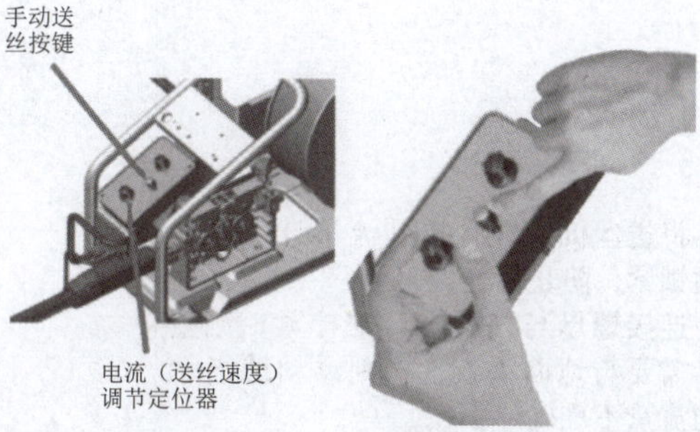
6	将焊丝送出，伸出导电嘴的长度为丝径的10~15倍	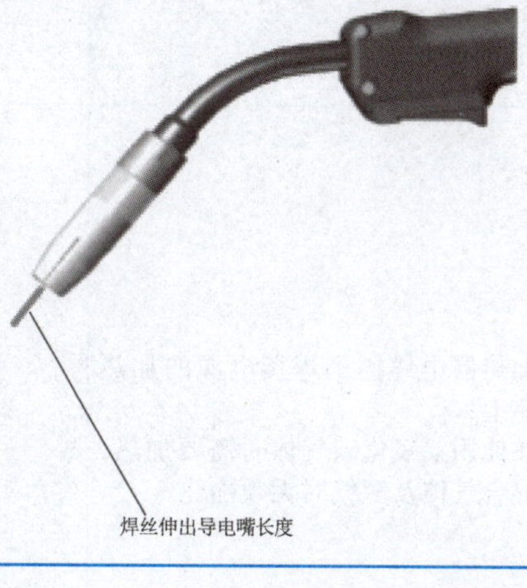

5. 气瓶流量计的安装

气瓶流量计的安装步骤见表4-8。

表4-8 气瓶流量计的安装步骤

操作步骤	操作说明	示意图
1	安装气体调节器前,需要将高压气体喷出数次,清除气瓶和连接位置的油污、水及灰尘; 气瓶应竖直向上可靠固定,防止倾倒	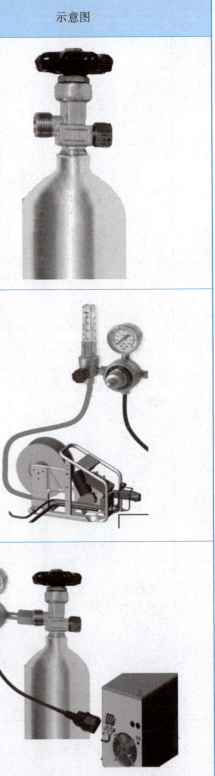
2	将送丝机的气管接到流量计上用喉箍锁紧,防止漏气; 连接螺母与气瓶出口并拧紧。流量计需要与地面垂直,否则浮动球指示的流量不准确	
3	将加热器电缆插到焊接电源的加热器插座上; 仅在使用二氧化碳气体时需要加热,使用混合气体及氩气时无须加热	

任务评价

填写表 4-9。

表 4-9 任务评价表

观察清单	观察项目与标准	是否达成	观察者
职业素养	按实训要求进行安全着装		学生
	遵循控制系统设备上下电流程		学生
	实训工位定置定位摆放,严格执行5S管理		学生
	工位整齐、清洁		学生
	任务结束后对工位进行5S管理		学生
	认真积极参与研讨		教师
	积极参与小组活动与任务		教师
	较好地组织团队成员分工合作		教师
专业能力	能清晰、准确地描述弧焊工作站各模块名称及其功能		教师
	能独立正确安装焊接电源线缆		学生、教师
	能独立完成弧焊焊枪安装		学生、教师
	能安装送丝盘并调整焊丝松紧		学生、教师
	能独立完成气瓶流量计的安装并调整排气量		学生、教师
达标数量			

任务 4.2 弧焊机器人 I/O 信号配置

DSQC 通信
模块配置

任务描述

机器人在执行弧焊作业前,需要根据焊接工件类型及厚度设计焊接工艺参数,由机器人根据焊接工艺参数控制焊接电压与焊接电流的大小,要实现这一功能,机器人需要与焊接设备建立通信,并需要配置对应的I/O信号。本任务需要配置机器人的I/O模块,并添加焊接控制信号。

预备知识

1. ABB 机器人 I/O 通信的种类

ABB 机器人提供了丰富的I/O通信接口,如 ABB 机器人的标准通信、与 PLC 的现场总线通信和与 PC 的数据通信,ABB 机器人通信种类如图 4-12 所示。利用各类通信方式,ABB 机器人可以轻松地实现与周边设备的通信。

ABB 机器人的标准I/O板卡提供的常用信号有数字输入、数字输出、组输入、组输出、模拟输入、模拟输出。在本任务中需要使用数字输出及模拟输出控制焊机进行焊接,ABB

图 4-12　ABB 机器人通信种类

机器人主计算机与标准 I/O 板卡安装位置如图 4-13 所示。其中主计算机单元接口示意如图 4-14 所示，主计算机单元接口说明见表 4-10。

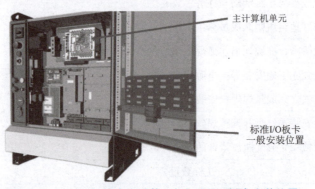

图 4-13　ABB 机器人主计算机与标准 I/O 板卡安装位置

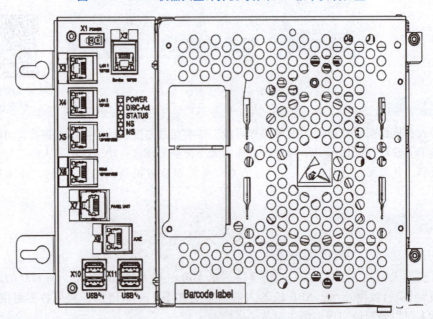

图 4-14　主计算机单元接口示意图

表4-10 主计算机单元接口说明

接口	说明
X1	电源
X2	服务端口（连接 PC）
X3	LAN1（连接 FlexPendant）
X4	LAN2（连接基于以太网的选件）
X5	LAN3（连接基于以太网的选件）
X6	WAN（接入工厂 WAN）
X7	面板
X9	轴计算机
X10	USB 端口
X11	USB 端口

2. 标准I/O板卡 DSQC 1030

ABB 机器人 I/O 板卡逐渐开始使用 DSQC 1030 板卡（见图 4-15）代替原有的 DSQC 652 板卡，DSQC 1030 板卡又称 LocalIO 板卡，该 I/O 板基于 EtherNet/IP 总线（DSQC 652 基于 DeviceNet 总线）。使用 DSQC 1030、DSQC 1031、DSQC 1032 等 LocalIO 板卡，机器人不需要额外配置选项。

DSQC 1030 板卡基本装置有 16 个数字输入端和 16 个数字输出端，最多可与 4 套附加装置组合。DSQC 1030 板卡使用的是 EtherNet/IP 协议，其原理是将 I/O 连线的电信号转换为 EtherNet/IP 通信信号再传输到工业机器人系统。本任务中 ABB 机器人通过 DSQC 1030 板卡对弧焊电源的起弧、送丝等数字信号进行控制，默认用网线把模块底部 X5 接口和控制柜的 X4 LAN2 口连接。DSQC 1030 板卡接口说明见表 4-11。

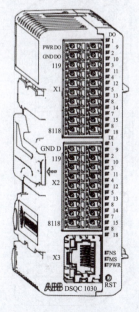

图 4-15 DSQC 1030 板卡示意图

表 4-11　DSQC 1030 板卡接口说明

接口	说明
X1	数字输出端，工艺电源
X2	数字输入端
X3	以太网接口
X4	逻辑电源（设备供电接口）
X5	以太网接口（底部）

3. DSQC 1030 板卡的硬件连接

（1）出厂默认把 X5 接口（设备底部）与控制柜 X4 接口的 LAN2 口连接。

（2）硬件最上端的 X4 接口为 24 V 电源，默认已经从控制柜门上的 XT31 端引电。

（3）X1 接口为输出端，其中 PWR DO 和 GND DO 为数字输出信号的 24 V 和 0 V，需要单独接入电源（也可从 XT31 引电），与 DSQC 652 板卡 X1 接口的引脚 9 和引脚 10 相同。

（4）X2 接口为输入端，其中 GND DI 为数字输入信号的 0 V，需要单独引入电源 0 V（也可从 XT31 接线）。

（5）输入信号为 1 或者输出信号被置为 1 后，对应的指示灯会亮起。

4. 标准 I/O 板卡 DSQC 1032

DSQC 1032 板卡是 ABB 机器人的模拟信号模块，其示意如图 4-16 所示。该模块有 4 个模拟输入端和 4 个模拟输出端，且必须与 DSQC 1030 基本装置搭配使用。在安装时，DSQC 1032 板卡直接挂在 DSQC 1030 板卡右侧，两者通过光纤通信。DSQC 1032 板卡 X1 接口为模拟输出端及模拟输入端，X2 接口为 24 V 及 0 V。其模拟量输出范围在 0~10 V，分辨率为 12 位。DSQC 1032 板卡接口说明见表 4-12。

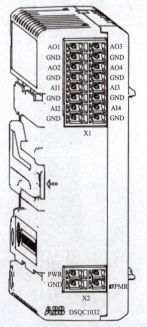

图 4-16　DSQC 1032 板卡示意图

表4-12 DSQC 1032板卡接口说明

接口	说明
X1	模拟输入端和输出端
X2	逻辑电源和工艺电源

5. ABB机器人I/O信号分配

ABB机器人可以通过DSQC 1030板卡、DSQC 1032板卡对焊机电源进行信号控制,其中模拟输出实现对焊机电源的电流电压值控制;数字输出实现起弧、送丝等信号控制。焊接过程使用的焊接控制信号见表4-13,DSQC 1030板卡占用前16位输入/输出地址(0~15),DSQC 1032信号地址从16开始。

表4-13 焊机控制信号列表

信号名称	信号类型	信号功能	信号板卡	信号地址
AoWeldingCurrent	AO	控制焊接电流	DSQC 1032	16~31
AoWeldingVoltage	AO	控制焊接电压	DSQC 1032	32~47
DoWeldOn	DO	起弧控制	DSQC 1030	0
DoFeedOn	DO	点动送丝控制	DSQC 1030	1
DoFeedOnBwn	DO	点动抽丝控制	DSQC 1030	2
DoGasOn	DO	送气控制	DSQC 1030	3
DiArcEst	DI	起弧成功信号	DSQC 1030	0

焊接的起弧成功信号DiArcEst必须设置,它表示焊机起弧成功,将此信号告诉机器人,机器人在起弧成功后才能开始运动。

6. 弧焊软件

ABB机器人通过焊接工艺应用软件ArcWare实现自动焊接,ArcWare软件由焊接设备、焊接系统、焊接传感器三个部分组成。焊接时ArcWare软件控制焊接电源的启停,并实时监控焊接过程,检测焊接工作是否正常。当有错误发生时,ArcWare软件自动控制机器人停止焊接工作,同时将错误信息和处理方法显示在示教器上。

在创建机器人虚拟系统时,选择焊接工艺应用选项后,机器人的虚拟系统中就会内置ArcWare软件。此时的ArcWare软件为空置状态,需要操作人员单独配置后才能正常工作。

焊接工艺安装包可以在ABB机器人虚拟仿真软件RobotStudio中下载,在软件的Add-Ins选项卡中选择RobotApps选项,在搜索框中搜索关键字ArcWare,找到应用程序ArcWare for Collaborative Robots,单击"添加"按钮后便能将应用程序安装至当前机器人系统。弧焊工艺应用软件添加过程如图4-17所示。系统配置过程中,在工业以太网Industrial Networks中添加以太网通信EtherNet/IP及弧焊应用Application Arc中添加弧焊Arc,然后单击"确定"按钮完成系统配置,如图4-18所示。

7. 焊接电源使用的模拟信号

在机器人执行焊接任务过程中,通常由机器人通过模拟信号AO与数字信号DO控制焊机电源。

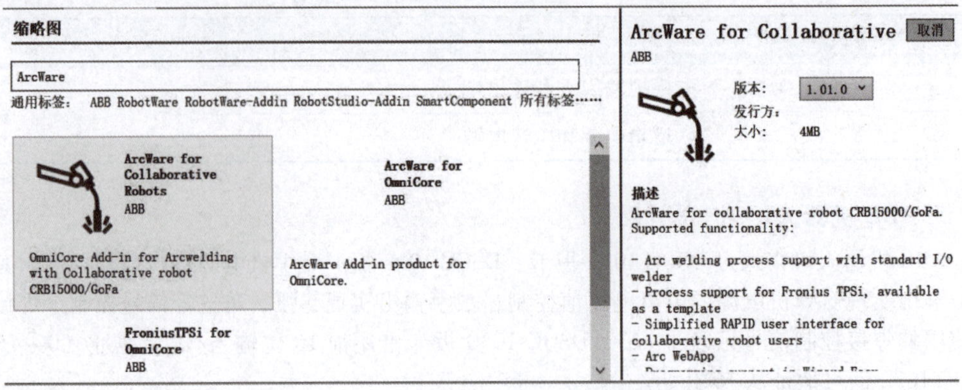

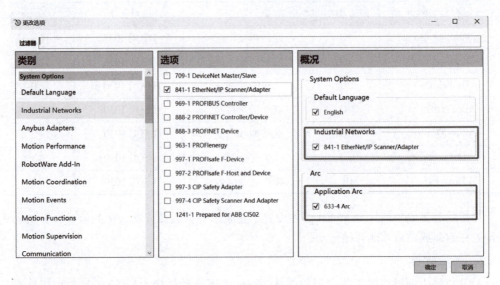

图 4-17　弧焊工艺应用软件添加过程

图 4-18　弧焊应用添加

8. 负载持续率（二氧化碳焊接模式）

负载持续率（见图 4-19）是指电源在一段时间内能够持续提供额定电流的能力，用电源实际电流和额定电流的比值来表示。如果电源的实际电流等于额定电流，则负载持续率为 100%，表示电源能够持续提供额定电流；如果电源的实际电流小于额定电流，则负载持续率小于 100%，表示电源无法持续提供额定电流。若额定负载持续率以 10 min 为时间间隔，接电源的额定负载持续率为 60%，即焊机达到最大焊接电流 350 A，若在额定焊接输出状态下持续工作 6 min，剩余的 4 min 必须为待机运行，以进行适当冷却。

若设备超额定负载持续率使用焊接电源，会使焊接电源过热，这将导致焊接电源的老化或烧毁。因此，一般将焊接设置在 100% 负载持续率中，即焊接电流最大为 270 A。

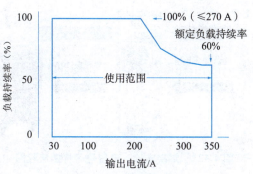

图 4-19　负载持续率

9. 模拟量与焊接电流电压的转换关系

焊接电源输出的焊接电流与焊接电压可以由模拟量（电压值）控制，在 ABB 机器人中，模拟量与焊接电流及焊接电压的对应关系如图 4-20 和图 4-21 所示。

模拟信号与焊电流的转换

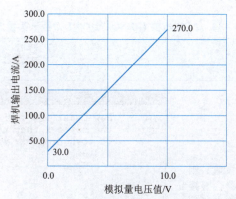

图 4-20　模拟量与焊接电流的对应关系

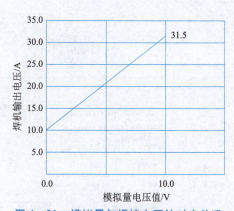

图 4-21　模拟量与焊接电压的对应关系

在 ABB 机器人中可以通过对 DSQC 1032 板卡配置，实现主计算机单元对模拟输出的控制，从而实现焊接电流、电压控制；因此，需要在 ABB 机器人的控制系统中对 I/O 板卡进行配置，完成 I/O 板卡配置后对模拟信号进行配置。焊接电流、电压信号传递流程如图 4-22 所示。

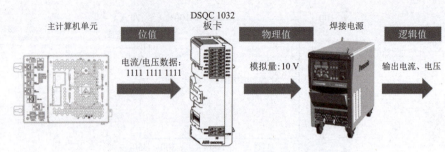

图4-22 焊接电流、电压信号传递流程图

任务实施

1. 配置 ABB 机器人 DSQC 1030 I/O板卡

在 ABB 机器人中,需要先将 DSQC 1030 板卡接入 I/O 板卡安装位置后再接入 DSQC 1032 板卡,并对接入的板卡进行配置,才能实现信号配置。ABB 机器人 DSQC 1030 I/O 板卡配置流程见表 4-14。

表 4-14 ABB 机器人 DSQC 1030 I/O 板卡配置流程

操作步骤	操作说明	示意图
1	若 I/O 板卡未进行配置,则机器人开机后示教器会直接弹出提示对话框。单击"配置"按钮	
2	在"配置新设备"文本框中设置 1030 及 1032 板卡名称,此处设置为 Local_IO;单击"配置"按钮,完成 I/O 板卡配置	

148 工业机器人典型应用与维护

续表

操作步骤	操作说明	示意图
3	配置完成后,单击"是"按钮重启系统,完成配置	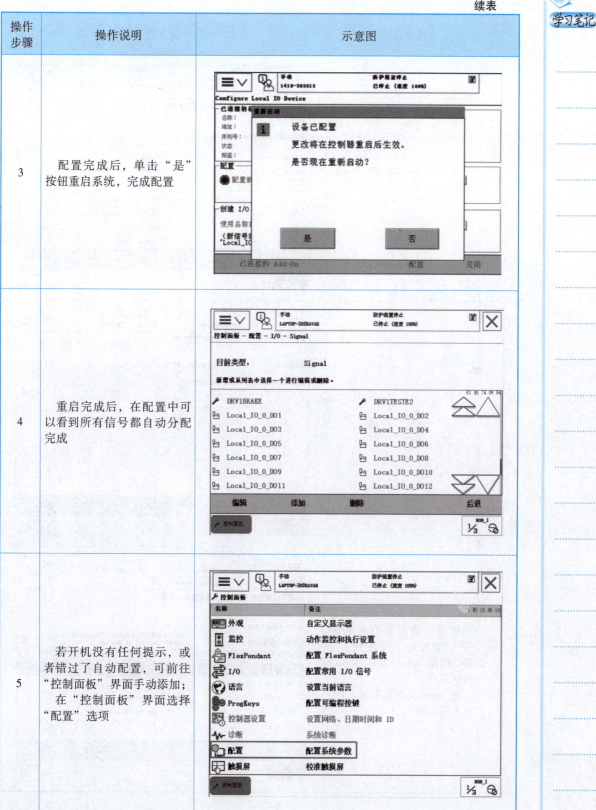
4	重启完成后,在配置中可以看到所有信号都自动分配完成	
5	若开机没有任何提示,或者错过了自动配置,可前往"控制面板"界面手动添加; 在"控制面板"界面选择"配置"选项	

项目4 工业机器人弧焊应用 ■ 149

续表

操作步骤	操作说明	示意图
6	选择 EtherNet/IP Device 选项	
7	单击"添加"按钮	
8	单击"使用来自模板的值："对应的下拉按钮，选择 ABB Local I/O Device 选项； 在 Name 文本框中输入 I/O 板卡的名称	

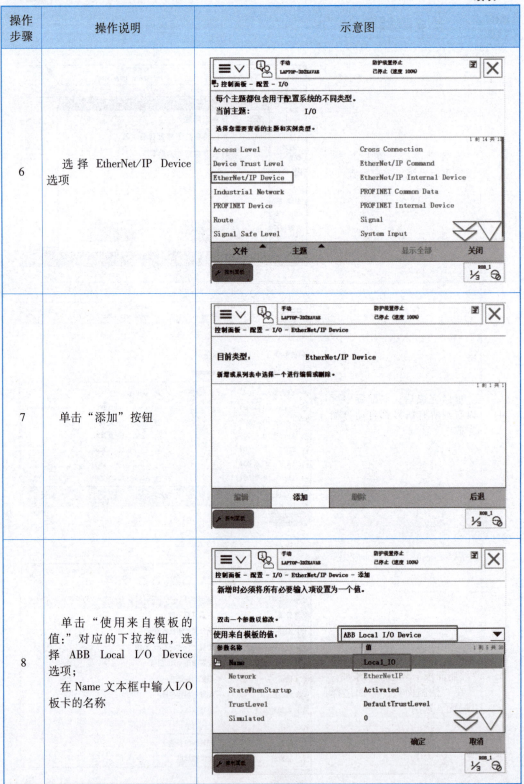

续表

操作步骤	操作说明	示意图
9	单击下拉按钮，找到Address输入I/O板卡，地址默认为"192.168.125.100"，单击"确定"按钮完成配置	
10	完成配置后弹出"重新启动"对话框，单击"是"按钮重新启动，完成I/O板卡配置	

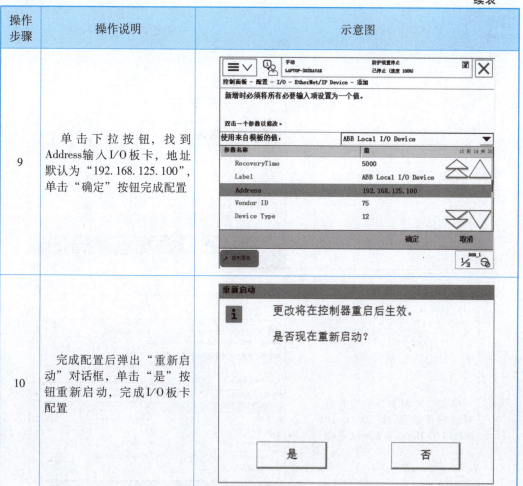

2. 配置ABB机器人DSQC 1032 I/O板卡

ABB机器人DSQC 1032 I/O板卡配置流程见表4–15。

表4–15　ABB机器人DSQC 1032 I/O板卡配置流程

操作步骤	操作说明	示意图
1	第一次安装完毕后开机，机器人会自动搜索设备，可参照上一流程完成开机自动配置；若错过开机自动配置提示，则参考上一流程选择"控制面板"→"配置"选项	

项目4　工业机器人弧焊应用　151

续表

操作步骤	操作说明	示意图
2	单击"添加"按钮	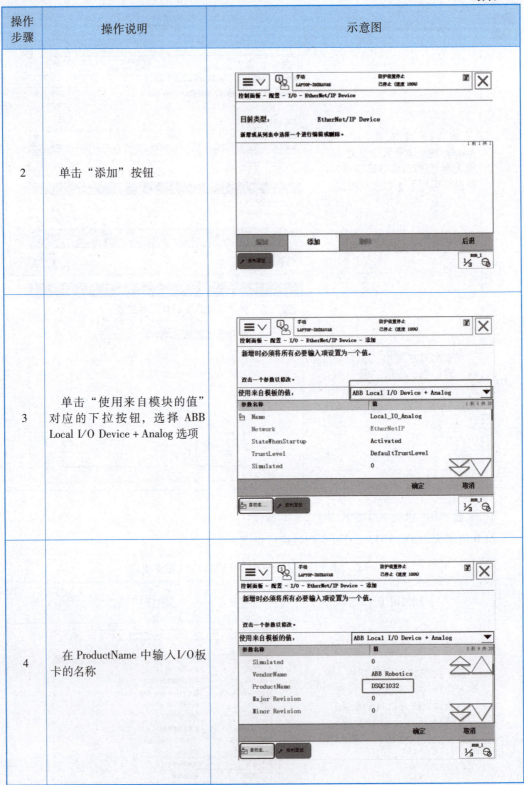
3	单击"使用来自模板的值"对应的下拉按钮,选择 ABB Local I/O Device + Analog 选项	
4	在 ProductName 中输入 I/O 板卡的名称	

续表

操作步骤	操作说明	示意图
5	单击下拉按钮，找到 Address 输入I/O板卡，地址默认为"192.168.125.100"，单击"确定"按钮完成配置； 完成配置弹出"重新启动"对话框，单击"是"按钮重新启动，完成I/O板卡配置	

3. 添加焊接电流信号

完成I/O板卡配置后，需要针对具体的信号进行配置才能在程序中调用，包括焊接电流信号、焊接电压信号。焊接电流 AoWeldCurrent 信号配置参数见表4-16，焊接电流配置流程见表4-17。

焊接电流信号配

表4-16 焊接电流 AoWeldCurrent 信号配置参数

参数名称	参数值	说明
Type of Signal	Analog Output	信号类型
Assigned to Unit	Local_IO_Analog	信号所在I/O板卡
Unit Mapping	16-31	信号所在地址
Default Value	30	电流默认值，建议设置为焊机电源输出，最小电流值为30，单位为A
Analog Encoding Type	unsigned	编码器种类
Maximum Logical Value	270	焊机电源最大逻辑值时所输出电流值，单位为A
Maximum Physical Value	10	焊机最大电流输出时，I/O板卡输出电压值，单位为V
Maximum Physical Value Limit	10	I/O板卡输出最大电流值，单位为A
Maximum Bit Value	4 095	最大位值，这里取 DSQC 1032 板卡最大分辨率为12位，对应十进制数是4 096，即范围为0~4 095
Minimum Logical Value	30	焊机电源最小逻辑值时所输出的电流值，单位为A
Minimum Physical Value	0	焊机最小电流输出时，I/O板卡输出电压值，单位为V
Minimum Bit Value	0	最小位值

项目4 工业机器人弧焊应用 153

表 4-17 焊接电流配置流程

操作步骤	操作说明	示意图
1	进入"控制面板"界面后选择"配置"选项	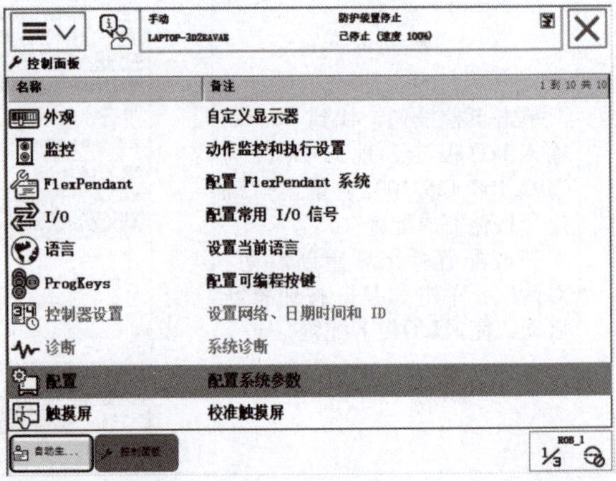
2	选择 Signal 选项进行信号配置	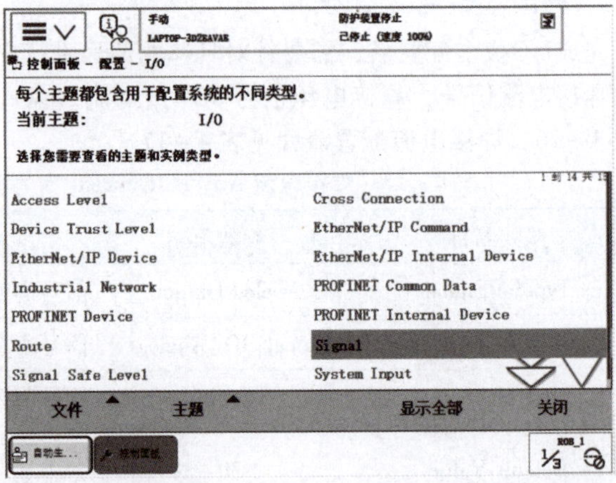
3	单击"添加"按钮添加信号	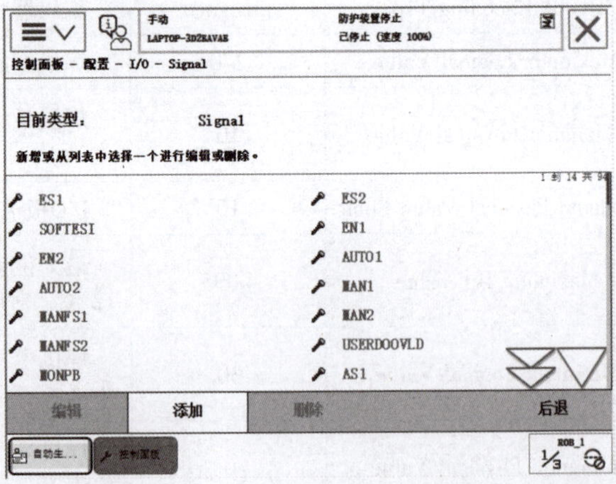

154　工业机器人典型应用与维护

续表

操作步骤	操作说明	示意图
4	在信号名称 Name 文本框中输入焊接电流信号名称； 在信号类型 Type of Signal 中选择 Analog Output 选项； 在信号地址 Device Mapping 中输入当前信号占用地址"16－31"	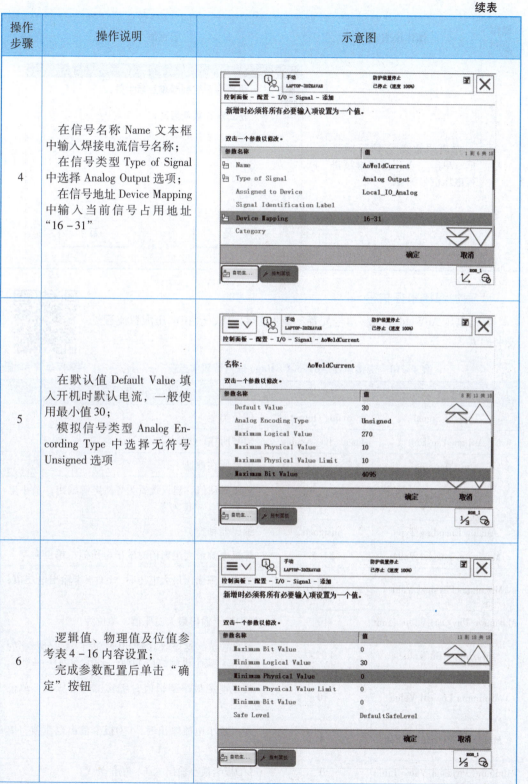
5	在默认值 Default Value 填入开机时默认电流，一般使用最小值30； 模拟信号类型 Analog Encording Type 中选择无符号 Unsigned 选项	
6	逻辑值、物理值及位值参考表 4－16 内容设置； 完成参数配置后单击"确定"按钮	

项目 4　工业机器人弧焊应用　155

操作步骤	操作说明	示意图
7	弹出"重新启动"对话框,单击"否"按钮继续进行电压信号配置	重新启动 更改将在控制器重启后生效。 是否现在重新启动? [是] [否]

4. 添加焊接电压信号

焊接电压 AoWeldVoltage 信号配置参数见表 4-18,焊接电压配置流程见表 4-19。

焊接电压信号配置

表 4-18 焊接电压 AoWeldVoltage 信号配置参数

参数名称	参数值	说明
Type of Signal	Analog Output	信号类型
Assigned to Unit	Local_IO_Analog	信号所在I/O板卡
Unit Mapping	32-47	信号所在地址
Default Value	10	电压默认值,建议设置为焊机电源输出,最小电压值为10,单位为V
Analog Encoding Type	unsigned	编码器种类
Maximum Logical Value	31.5	焊机电源最大逻辑值时输出电压值,单位为V
Maximum Physical Value	10	焊机电源输出最大电压时,I/O板卡输出电压值,单位为V
Maximum Physical Value Limit	10	I/O板卡输出最大电压值,单位为V
Maximum Bit Value	4 095	最大位值,这里取 DSQC 1032 板卡最大分辨率为12位,对应十进制数是4 096,即范围为 0~4 095
Minimum Logical Value	10	焊机电源最小逻辑值时所输出的电压值,单位为V
Minimum Physical Value	0	焊机最小电流输出时,I/O板卡输出电压值,单位为V
Minimum Physical Value Limit	0	I/O板卡最小输出电压,单位为V
Minimum Bit Value	0	最小位值

表4-19 焊接电压配置流程

操作步骤	操作说明	示意图
1	参考上一流程进入Signal界面,单击"添加"按钮添加信号	
2	在信号名称Name文本框中输入焊接电压信号名称; 在信号类型Type of Signal中选择Analog Output选项; 在信号地址Device Mapping中输入当前信号占用地址"32-47"	
3	在默认值Default Value中填入开机时默认电压,一般使用最小值10; 在模拟信号类型Analog Encoding Type中选择无符号Unsigned选项	

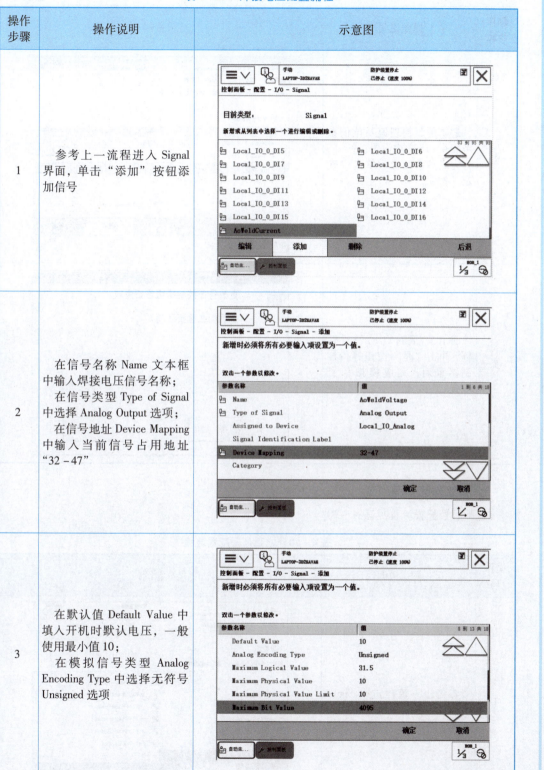

续表

操作步骤	操作说明	示意图
4	逻辑值、物理值及位值参考表4-18内容设置；完成参数配置后单击"确定"按钮	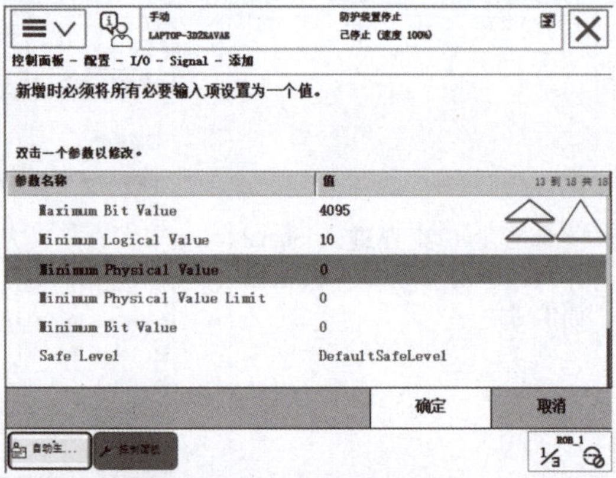
5	弹出"重新启动"对话框，单击"是"按钮等待控制器重启，完成模拟信号配置	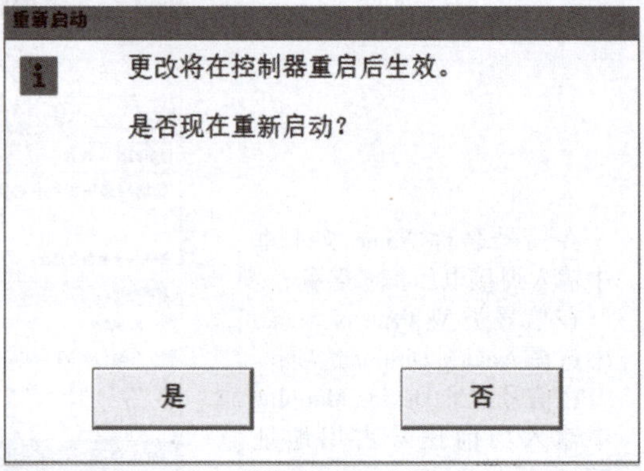

5. 添加起弧信号

起弧信号配置流程见表4-20。

表4-20 起弧信号配置流程

操作步骤	操作说明	示意图
1	参考上一流程进入Signal界面，单击"添加"按钮	

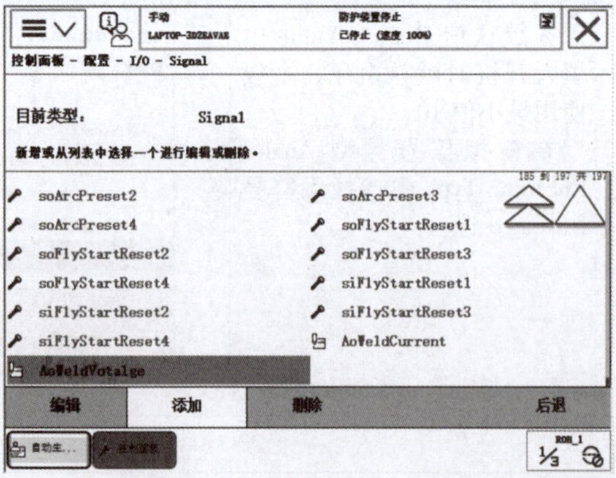

158　工业机器人典型应用与维护

续表

操作步骤	操作说明	示意图
2	在信号名称 Name 文本框中输入起弧信号名称； 在信号类型 Type of Signal 中选择 Digital Output 选项； 在信号地址 Device Mapping 中输入当前信号占用地址 0； 单击"确定"按钮，完成起弧信号配置	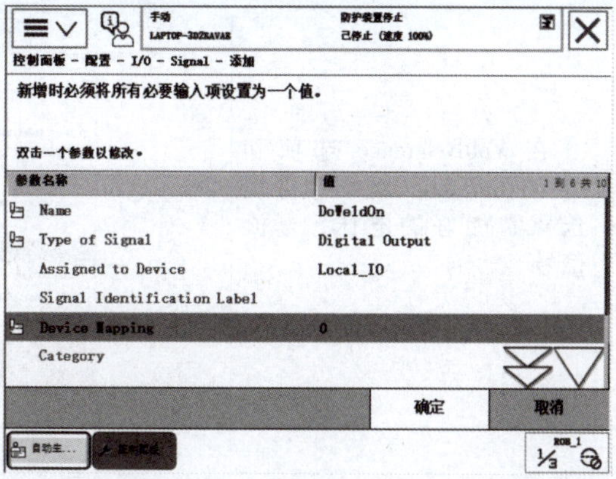

按表 4-13 中地址继续完成焊机送丝信号、焊机抽丝信号、送气信号及起弧成功信号的添加。

6. 弧焊信号关联

添加成功弧焊焊接所需的基础功能信号后，下一步需要将对应信号与 ABB 机器人弧焊系统中的功能相关联。弧焊信号关联流程见表 4-21。

表 4-21　弧焊信号关联流程

操作步骤	操作说明	示意图
1	参考上一流程进入"配置"界面，单击"主题"对应的下拉按钮，选择 Process 选项； Process 界面中的所有菜单都用于控制焊接所用参数	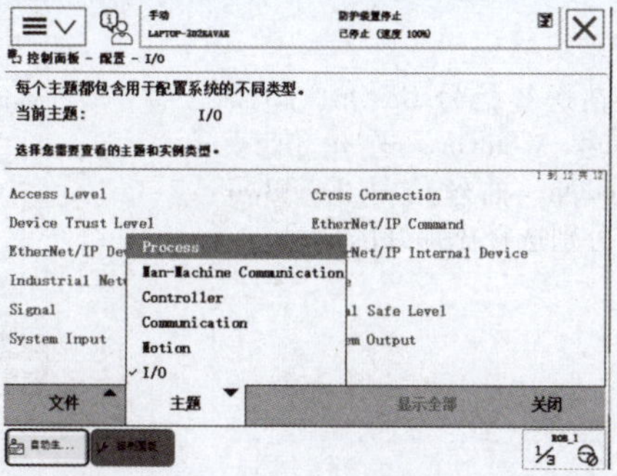
2	选择 Arc Equipment Analogue Outputs 选项，进行弧焊模拟输出信号配置	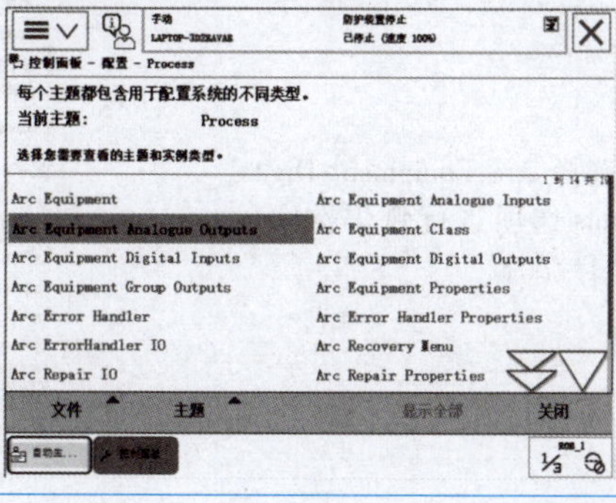

项目 4　工业机器人弧焊应用　159

续表

操作步骤	操作说明	示意图
3	在 VoltReference 选项和 CurrentReference 选项中分别选择添加好的电压、电流信号	
4	选择 Arc Equipment Digital Outputs 选项进行弧焊数字输出信号配置	
5	在送气信号 GasOn、起弧信号 WeldOn、送丝信号 FeedOn、抽丝信号 FeedBwn 中分别选择添加好的信号	
6	选择 Arc Equipment Digital Inputs 选项进行弧焊数字输入信号配置	

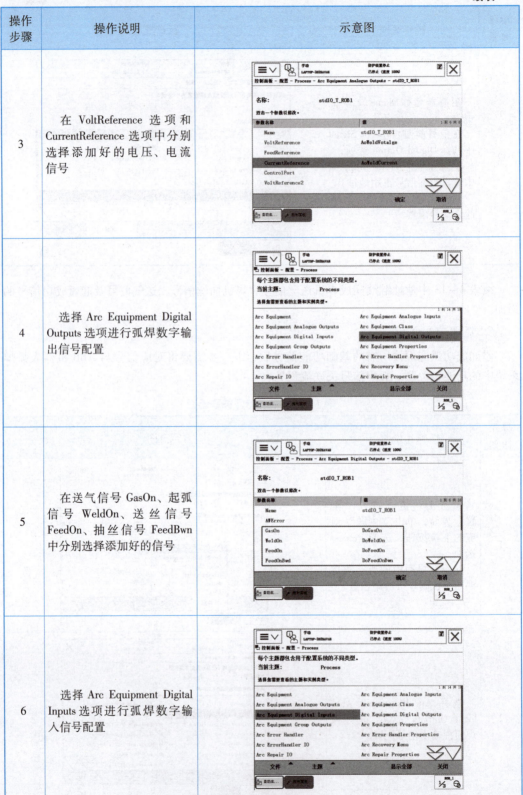

续表

操作步骤	操作说明	示意图
7	在起弧成功信号 ArcEstn 中选择添加的起弧成功信号；完成所有信号配置后单击"确定"按钮，并根据提示重启系统使信号生效	

任务评价

填写表 4-22。

表 4-22 任务评价表

观察清单	观察项目与标准	是否达成	观察者
职业素养	按实训要求进行安全着装		学生
	遵循控制系统设备上下电流程		学生
	实训工位定置定位摆放，严格执行 5S 管理		学生
	工位整齐、清洁		学生
	任务结束后对工位进行 5S 管理		学生
	认真积极参与研讨		教师
	积极参与小组活动与任务		教师
	较好地组织团队成员分工合作		教师
专业能力	能准确地表述 ABB 机器人通信方式		教师
	能准确地表述 ABB 机器人 I/O 信号类型		学生、教师
	能流利地表述焊接电流、电压与模拟量之间的关系		教师
	能独立完成 ABB 机器人 DSQC 1030 I/O 板卡配置		学生、教师
	能独立完成 ABB 机器人 DSQC 1032 I/O 板卡配置		学生、教师
	能独立完成焊接电流信号的添加		学生
	能独立完成焊接电压信号的添加		学生
	能独立完成起弧信号的添加		学生
	能将弧焊信号关联		学生
	能对所配置的信号进行验证		教师
达标数量			

任务4.3 弧焊机器人焊接程序编写与调试

机器人焊接程序与一般的机器人运动程序有所差异,除了使用运动指令外,还有针对焊接所使用的焊接指令及焊接工艺参数。因此,在编写机器人焊接程序之前需要学习ABB机器人的弧焊指令及弧焊工艺参数。

在完成焊接工艺参数设置后,机器人需要进行校准和编程,确保其能够准确地执行焊接路径并保持正确的焊接距离。机器人正确设置后就可以开始执行焊接任务。在焊接过程中,机器人会自动控制电弧和焊丝的传送,并在预定的焊接路径上移动以完成焊接。

预备知识

1. ABB机器人弧焊指令

ABB机器人的焊接指令如下:

ArcL p1, V100, seam, weld1\weave: = weave1, z10, tool1;

ArcC p2, p3, V100, seam, weld1\weave: = weave1, z10, tool1;

ArcL:表示机器人以直线方式运动并焊接。

ArcC:表示机器人以圆弧方式运动并焊接。

p1,p2,p3:数据类型为robtarget,表示机器人运动的目标点。

v100:数据类型为speeddata,表示机器人TCP速度。

以下情况TCP的速度由Speed参数控制。

(1)使用ArcLStart指令时。

(2)程序按指令单步运行(无焊接)。

焊接期间机器人TCP的速度与seam和weld参数相同。

seam:数据类型为seamdata。seam数据用于设置焊接开始与结束阶段,通常在整个焊接过程或在焊接多条接缝期间保持不变。seamdata在焊接操作的开始阶段(起弧及起弧后)和收弧阶段使用。如果焊接过程中途中断后重新启动,也会使用seamdata的数据,实际焊接阶段的焊接参数则通过welddata控制。

weld1:数据类型为welddata。weld1数据是焊接过程的焊接参数,该数据通常在沿着接缝的一条指令到下一条指令之间发生变化。

ABB机器人将焊接过程通过seamdata与welddata两个焊接参数控制焊接工艺。

tool1:机器人执行指令时所使用的工具坐标系。

机器人焊接轨迹及焊接指令示意如图4-23所示。

任何焊接程序都必须以ArcLStart或ArcStart开始,且焊接过程必须以ArcLEnd或ArcEnd结束;焊接中间点可以结合ArcL语句使用,在不同的焊接过程可以使用不同焊接参数(seamdata,welddata,weavedata)。例如:

ArcLStart p1, v100, seam1, weld1\weave: = weave1, fine, tweldgun;

ArcL p2, v100, seam1, weld2\weave: = weave2, fine, tweldgun;

ArcL p3, v100, seam1, weld3\weave: = weave3, fine, tweldgun;
ArcLEnd p4, v100, seam1, weld1, weave1, fine, tweldgun;

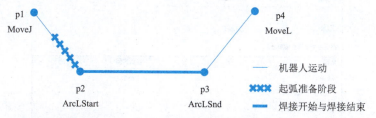

MoveJ p1, v100,fine,tweldgun;
ArcLStart p2,v100,seaml,weld1,weavel,fine,tweldgun;
ArcLEnd p3,v100,seaml,weld1,weavel,fine,tweldgun;
MoveL p4,v100,fine,tweldgun;

图 4-23　机器人焊接轨迹及焊接指令示意

2. ABB 机器人焊接工艺参数

seamdata（起弧收弧参数）：seamdata 数据可以通过选择"程序数据"→seamdata→"新建"选项进行创建，并通过"更改值"的方式对其中参数进行修改，数据类型界面、seamdata 数据界面及 seamdata 数据修改界面如图 4-24～图 4-26 所示。

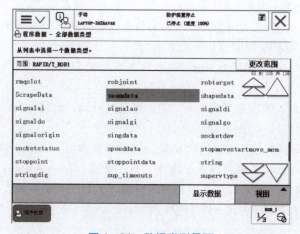

图 4-24　数据类型界面

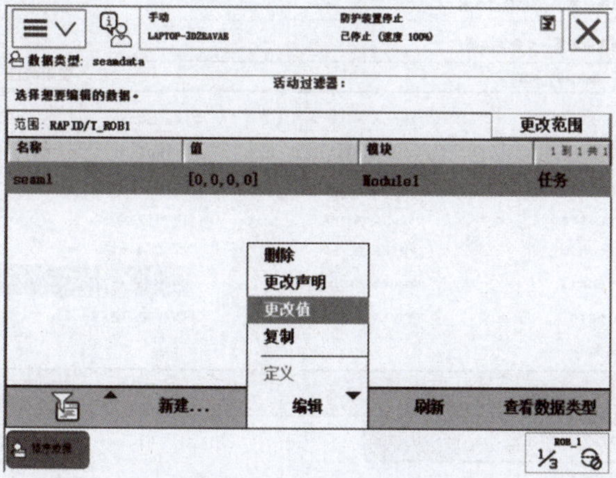

图 4-25　seamdata 数据界面

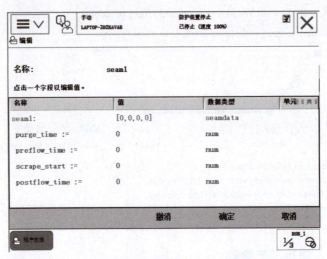

图 4-26 seamdata 数据修改界面

seamdata 的数据由以下 4 个参数组成。

(1) purge_time：数据类型为 num，表示焊接开始时清理枪管中空气的时间，这个时间不影响焊接的时间（以 s 为单位）。

(2) preflow_time：数据类型为 num，表示预送气的时间，此过程表示焊枪到达焊接位置时对焊接工件进行保护的时间（以 s 为单位）。

(3) scrape_start：数据类型为 num，表示起弧阶段的刮擦类型，0 代表无刮擦动作，1 代表摆动刮擦起弧。

(4) postflow_time：数据类型为 num，表示尾送气时间，此过程表示对焊缝进行继续保护的时间（以 s 为单位）。

welddata：表示焊接参数，主要包含 weld_speed 焊接速度、current 焊接电流、voltage 焊接电压三个参数。welddata 数据可以通过选择"程序数据"→welddata→"新建"选项进行创建，并通过"更改值"的方式对其中参数进行修改，数据类型界面、welddata 数据界面、welddata 数据修改界面如图 4-27~图 4-29 所示。

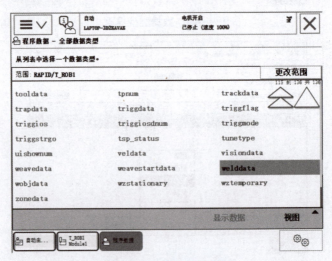

图 4-27 数据类型界面

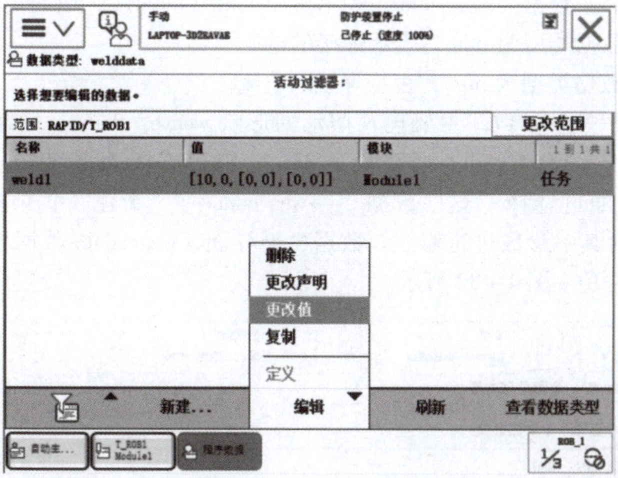

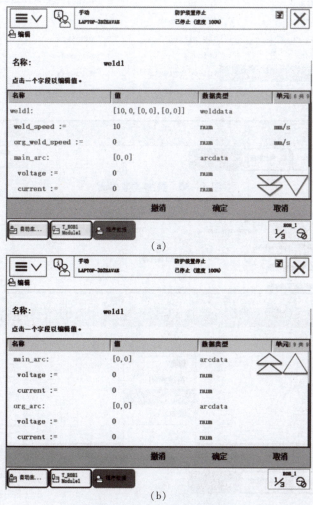

图 4-28 welddata 数据界面

图 4-29 welddata 数据修改界面
（a）welddata 数据修改界面 1；（b）welddata 数据修改界面 2

项目 4　工业机器人弧焊应用　165

（1）weld_speed：数据类型为 num，表示机器人焊接的速度，以 mm/s 为单位。

（2）voltage：数据类型为 num，表示焊接的电压。

（3）current：数据类型为 num，表示焊接的电流。

weavedata：表示摆动参数，主要包含摆动的形状 weave_shape、摆动模式 weave_type、摆动向前移动距离 weave_length、摆动宽度 weave_width、摆动高度 weave_height 等参数。weavedata 数据可以通过选择"程序数据"→weavedata→"新建"选项进行创建，并通过"更改值"的方式对其中参数进行修改。数据类型界面、weavedata 数据界面及 weavedata 数据修改界面如图 4-30~图 4-32 所示。

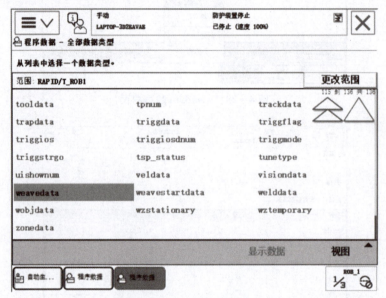

图 4-30　数据类型界面

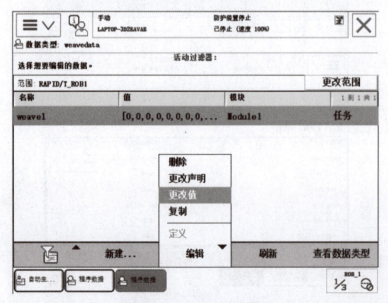

图 4-31　weavedata 数据界面

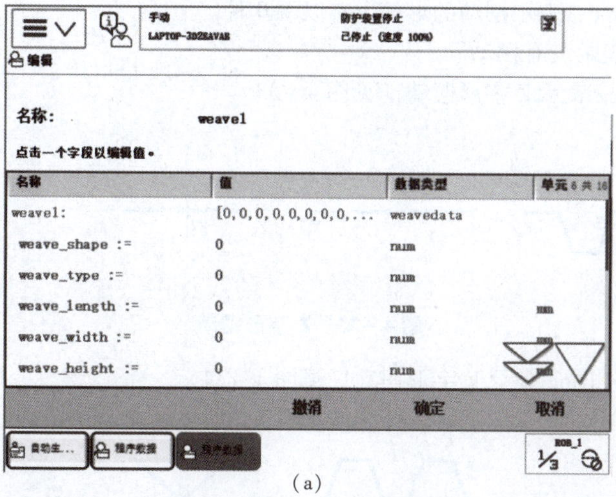

(a)

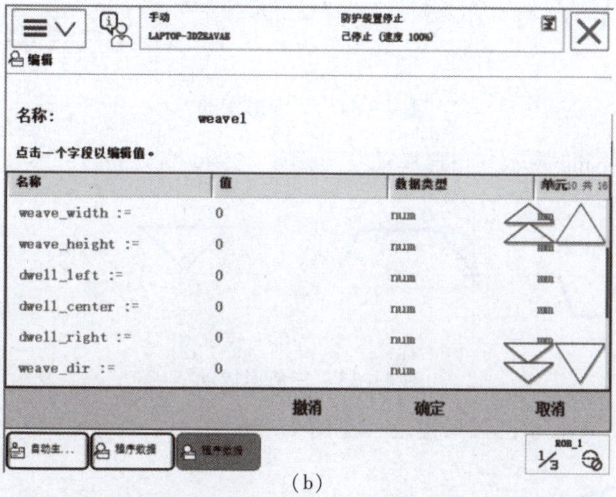

(b)

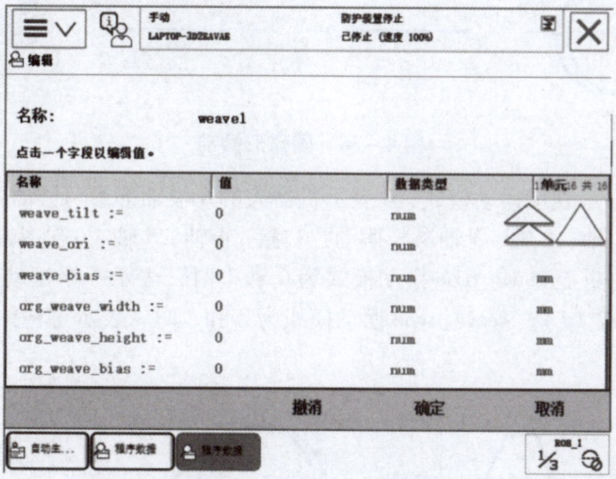

(c)

图 4-32　weavedata 数据修改界面

(a) weavedata 数据修改界面 1；(b) weavedata 数据修改界面 2；(c) weavedata 数据修改界面 3

(1) weave_shape：表示摆动的形状，有以下几种。

① no weaving 表示没有摆动。

② zigzag weaving 表示 Z 字形摆动（见图 4-33）。

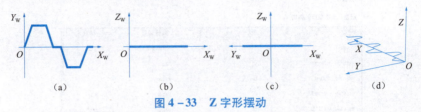

图 4-33　Z 字形摆动

③ v-shaped weaving 表示 V 字形摆动（见图 4-34）。

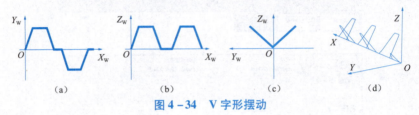

图 4-34　V 字形摆动

④ triangular weaving 表示三角形摆动（见图 4-35）。

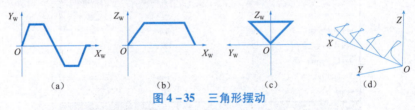

图 4-35　三角形摆动

⑤ circular weaving 表示圆弧形摆动（见图 4-36）。

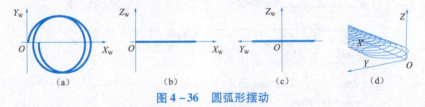

图 4-36　圆弧形摆动

(2) weave_type：表示摆动模式，0 表示机器人的 6 根轴都参与摆动；1 表示 5 轴和 6 轴参与摆动；2 表示 1 轴、2 轴、3 轴参与摆动；3 表示 4 轴、5 轴、6 轴参与摆动。

(3) weave_length：weave_type 摆动模式为 0 和 1 时，表示一个摆动周期机器人的工具坐标向前移动的距离（L）；weave_type 摆动模式为 2 和 3 时，表示每秒钟圆弧的个数，如图 4-37 所示。

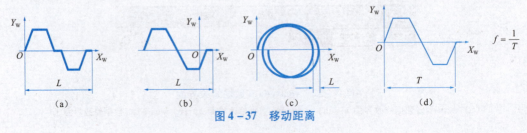

图 4-37　移动距离

（4）weave_width：表示摆动宽度（W）（见图4-38）。

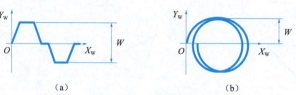

图4-38 摆动宽度

（5）weave_height：表示摆动高度（H）（见图4-39），只有在三角形摆动和V字形摆动时此参数才有效。

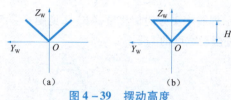

图4-39 摆动高度

（6）dwell_left：表示焊缝正向前进摆动方向的停留长度（DL）（见图4-40）。

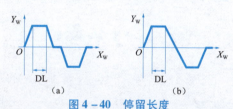

图4-40 停留长度

（7）dwell_center：表示焊缝中心点的停留长度（DC）（见图4-41）。

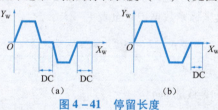

图4-41 停留长度

（8）dwell_right：表示焊缝负前进摆动方向的停留长度（dr）（见图4-42）。

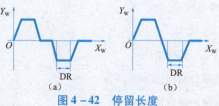

图4-42 停留长度

（9）weave_tilt：表示垂直于焊缝的摆动倾斜角度（见图4-43），若设为0°则垂直于焊缝。

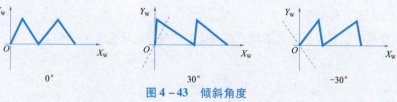

图4-43 倾斜角度

项目4 工业机器人弧焊应用 169

（10）weave_ori：表示沿焊缝水平方向垂直的摆动角度（见图4-44），若设为0°则焊缝是均匀对称的。

图4-44　摆动角度

（11）weave_bias：表示焊缝水平方向偏移量（B）（见图4-45）。此偏移量仅适用于Z字形摆动且偏移量不能超过摆动宽度的1/2。

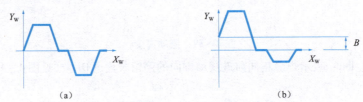

图4-45　水平方向偏移量

任务实施

1. 示教机器人焊枪坐标系

根据现场机器人安装的焊枪创建一个名为TWeldGun的工具坐标系，通过六点法完成工具坐标系示教，将焊枪工具坐标系数据记录至表4-23。

表4-23　焊枪工具坐标系数据

工具坐标系名称	TWeldGun
Trans：X轴方向偏移量/mm	
Trans：Y轴方向偏移量/mm	
Trans：Z轴方向偏移量/mm	
Mass：工具质量/kg	
Cog：X轴方向工具重心偏移量/mm	
Cog：Y轴方向工具重心偏移量/mm	
Cog：Z轴方向工具重心偏移量/mm	
Rot 工具姿态	[＿＿，＿＿，＿＿，＿＿]

2. 设置焊接工艺参数

按照操作说明设置焊接工艺参数，将焊接工艺参数记录至表4-24。

表 4-24 焊接工艺参数

操作步骤	操作说明	填写焊接工艺参数
1	分析焊缝，明确焊接工件、焊接气体，根据焊机电源提供焊接工艺参数	
2	参考二氧化碳保护焊接手册提供的焊接工艺参数，设置 seamdata 参数，保存为 seam1	
3	参考二氧化碳保护焊接手册提供的焊接工艺参数，设置 welddata 参数，保存为 weld1	
4	参考二氧化碳保护焊接手册提供的焊接工艺参数，设置 weavedata 参数，保存为 weave1	

3. 运行机器人焊接例行程序

完成焊接参数设置后，即可开始编写机器人焊接程序，创建程序步骤主要为：
（1）创建程序模块；
（2）创建初始化例行程序；
（3）创建焊枪焊接例行程序；
（4）创建清枪程序；
（5）创建主程序。

请按以上步骤完成机器人弧焊任务程序创建及编写任务，并将操作步骤记录至表4-25中。

表 4-25 操作步骤记录

操作步骤	操作说明	示意图

运行已编写完成的机器人程序,记录工件焊缝情况及焊接参数,并继续修改焊接工艺参数,使焊缝达到工艺要求。

填写表4-26。

表4-26 任务评价表

观察清单	观察项目与标准	是否达成	观察者
职业素养	按实训要求进行安全着装		学生
	遵循控制系统设备上下电流程		学生
	实训工位定置定位摆放,严格执行5S管理		学生
	工位整齐、清洁		学生
	任务结束后对工位进行5S管理		学生
	认真积极参与研讨		教师
	积极参与小组活动与任务		教师
	较好地组织团队成员分工合作		教师
专业能力	能准确表述机器人弧焊指令种类及区别		教师
	能准确表述弧焊指令的焊接摆动形状种类与区别		教师
	能准确表述弧焊指令所包含的焊接工艺参数及功能		教师
	能根据焊缝情况设计焊接工艺参数		学生、教师
	能对焊枪进行工具坐标系设置		学生、教师
	能根据焊接任务编写焊接程序		学生、教师
	达标数量		

将质量意识、创新意识、安全意识等职业素养和社会责任、环保意识等素养内容融入工业机器人弧焊应用教学项目中,学生不仅能够掌握专业技能,还能够培养良好的职业道德和社会意识,成为具备综合素质和全面发展的专业技术人才。

课后习题

1. 选择题

(1) 焊接机器人的焊接作业主要包括(　　)。
　　A. 点焊和弧焊　　　　　　　　B. 间断焊和连续焊
　　C. 平焊和竖焊　　　　　　　　D. 气体保护焊和氩弧焊

(2) I/O模块是设计机器人弧焊工作站时的必选器件,包含模拟I/O和数字I/O两种形式,模拟信号和数字信号的区别在于(　　)。

    A. 数字信号大小不连续，时间上连续，而模拟信号相反
    B. 数字信号大小连续，时间上不连续，而模拟信号相反
    C. 数字信号大小和时间均不连续，而模拟信号相反
    D. 数字信号大小和时间均连续，而模拟信号相反

（3）使用机器人进行弧焊作业过程中，对夹具的要求描述错误的是（　　）。
    A. 较少定位误差　　　　　　B. 装拆方便
    C. 工件的固定和定位自动化　D. 回避与焊枪的干涉

（4）下列选项中不属于机器人焊接系统的是（　　）。
    A. 机器人　　　　　　　　　B. 控制器
    C. 嵌入式 PC　　　　　　　 D. 焊接系统

（5）进入某工厂机器人（人工）焊接车间作业或者考察，除戴安全帽之外还需要佩戴或穿着（　　）
    A. 防尘服、护目镜　　　　　B. 护目镜、手套
    C. 手套、防静电帽　　　　　D. 口罩、防静电帽

（6）应用于弧焊作业的工业机器人，在安装末端工具时，应将（　　）与机器人法兰盘进行连接。
    A. 冷却装置　　　　　　　　B. 导丝管
    C. 焊枪　　　　　　　　　　D. 防撞传感器

（7）在机器人弧焊中，控制焊接电流或送丝速度的信号类型为（　　）。
    A. DO　　　　　　　　　　　B. AO
    C. AI　　　　　　　　　　　D. DI

（8）在机器人弧焊中，起弧和送气控制的机器人信号类型为（　　）。
    A. DO　　　　　　　　　　　B. AO
    C. AI　　　　　　　　　　　D. DI

（9）在机器人弧焊中，焊机起弧成功后通知机器人的信号类型为（　　）。
    A. DO　　　　　　　　　　　B. AO
    C. AI　　　　　　　　　　　D. DI

（10）焊接机器人分为点焊机器人和（　　）。
    A. 线焊机器人　　　　　　　B. 弧焊机器人
    C. 非点焊机器人　　　　　　D. 面焊机器人

2. 判断题

（1）在机器人焊接系统中，若焊接作业区域的长度超过了机器人最大臂展，可以选配变位机或机器人外轴系统的外围设备。（　　）

（2）变位机是弧焊机器人必不可少的装置。（　　）

（3）ABB 机器人通过 ArcWare 软件焊接工艺包可控制和检测焊接过程。（　　）

（4）机器人的自由度是指工业机器人相对坐标系能够进行独立运动的数目，包括末端执行器的动作，如焊接、喷涂等。（　　）

（5）焊接机器人分为点焊机器人和弧焊机器人。（　　）

3. 简答题

现场有一台焊接电源，其焊接电流输出范围为 30~350 A，焊接电压输出范围为 10~36 V，

机器人焊接使用的I/O模块模拟量分辨率是4 096（输出电压0~10 V），假设需要焊机输出电流220 A，电压26 V，那么机器人I/O模块输出的模拟量分别是多少？

☞ 答案

1. 选择题

(1) A (2) C (3) C (4) C (5) B
(6) C (7) B (8) A (9) D (10) B

2. 判断题

(1) √ (2) × (3) √ (4) × (5) √

3. 简答题

略

项目5　工业机器人视觉分拣工作站

项目导入

随着图像处理和模式识别技术的快速发展,机器视觉的应用也越来越广泛。为了实现柔性化生产模式,机器视觉与工业机器人的结合,已成为工业机器人应用的发展趋势。工业机器人视觉诞生于机器视觉之后,通过机器视觉系统使工业机器人获取环境信息,从而指导工业机器人完成一系列动作和特定行为,提高工业机器人的识别定位和多机协作能力,增加工业机器人工作的灵活性,为工业机器人在高柔性和高智能化生产线中的应用奠定基础。

项目目标

学习目标	知识目标: 1. 了解工业机器人视觉分拣工作站的基本组成; 2. 理解视觉检测的工作原理; 3. 掌握欧姆龙视觉系统的检测流程编辑方法; 4. 掌握机器人与视觉系统的通信配置; 5. 掌握机器人视觉系统通信指令的编写方法。 能力目标: 1. 能简要地描述工业机器人视觉分拣工作站各组成模块功能; 2. 能清楚地表述视觉检测的工作原理; 3. 能对视觉系统的成像进行调节; 4. 能编写欧姆龙视觉系统的检测流程; 5. 能完成机器人与视觉系统的通信配置; 6. 能编写机器人的通信指令并完成其与视觉系统的通信调试。 素养目标: 1. 通过了解视觉检测在工业生产中的重要性,培养学生对职业的社会责任感; 2. 通过学习视觉系统的检测配置,培养学生安全作业的思想,提高学生的职业素养; 3. 通过学习视觉检测原理、操作步骤,培养学生的自主学习能力与创新意识; 4. 通过视觉检测产品的合格率检查和质量控制,培养学生的质量意识,学习精益求精的大国工匠精神
知识重点	1. 视觉检测原理; 2. 视觉检测流程编辑; 3. 机器人与视觉系统的通信配置与调试
知识难点	1. 视觉检测流程编辑; 2. 机器人与视觉系统的通信配置与调试
建议学时	16
实训任务	任务5.1 视觉检测的工作原理; 任务5.2 视觉系统的流程编辑; 任务5.3 机器人与视觉系统的通信配置与调试

项目描述

本项目需要通过机器人控制相机拍照，完成标签颜色和二维码信息的识别和结果回传。

学习指南

项目 5 内容框架如图 5-1 所示。

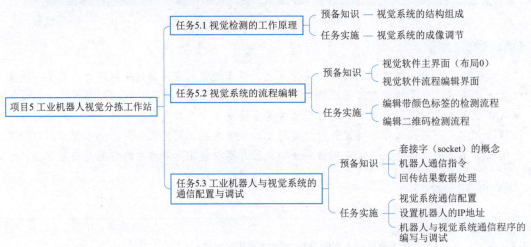

图 5-1 项目 5 内容框架

项目技能对应的国家职业技能标准及 1+X 证书标准见表 5-1 和表 5-2。

表 5-1 对应国家职业技能标准

序号	国家职业技能标准	对应职业等级证书技能要求
1	工业机器人系统操作员（2020 年版）	1.2.2 能安装相机、镜头、光源等机器视觉装置功能部件（中级工）； 1.3.4 能调整机器视觉系统部件的图像成像、聚焦、亮度等功能（中级工）； 2.2.5 能使用视觉图像软件调试相机参数（中级工）； 3.2.5 能使用视觉图像软件进行机器视觉系统的编程（中级工）
2	工业机器人系统运维员（2020 年版）	3.1.3 能根据方案编写和调试工业机器人与视觉、位置等传感器的接口程序（中级工）； 4.1.2 能使用视觉系统、组态软件等相关软硬件工具编写和调试产品质量数据采集程序（中级工）； 2.2.1 能对具有力控、视觉引导等功能的末端执行器电气系统进行检查与故障诊断（高级工）；

表 5-2 1+X 证书标准

序号	1+X 证书标准	对应职业等级证书技能要求
1	1+X 证书《工业机器人应用编程》（2021 年版）	2.3.2 能够根据工作任务要求，编制工业机器人结合机器视觉等智能传感器的应用程序（中级）

任务 5.1　视觉检测的工作原理

视觉检测的
工作原理

拍摄被测物体关键部位的特征以得到高质量的光学图像，是图像采集的首要任务。视觉检测之前要确认成像清晰度、大小、位置等是否符合检测要求，可以通过调节光源亮度、镜头焦距、物距及光圈的大小，使成像的轮廓更加清晰，显示更加明亮。

预备知识

机器视觉由光源、镜头、相机等组成，与人类的视觉相似。机器视觉利用光电成像系统采集被控目标的图像，经计算机或专用的图像处理模块进行数字处理，根据图像的像素分布、亮度和颜色等信息，进行尺寸、形状、颜色等的识别，将计算机的快速性、可重复性，与人眼视觉的高度智能化和抽象能力相结合，大大提高生产的柔性和自动化程度。

PC 式机器视觉系统是一种基于个人计算机的视觉系统，通常由光源、光学镜头、电荷耦合器件（charge coupled device，CCD）或互补金属氧化物半导体（complementary metal oxide semiconductor，CMDS）相机、图像采集卡、传感器、图像处理软件、控制单元及一台 PC 构成，如图 5-2 所示。

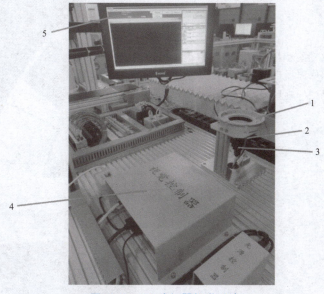

图 5-2　PC 式机器视觉系统
1—光源；2—光学镜头；3—CCD；4—工业 PC；5—图像处理软件

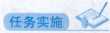

视觉系统的成像调节操作步骤见表 5-3。

项目 5　工业机器人视觉分拣工作站　177

表 5-3 视觉系统的成像调节操作步骤

操作步骤	操作说明	示意图
1	单击显示窗口的状态显示按钮,在"图像模式"下拉列表框中选择"相机图像 动态"选项	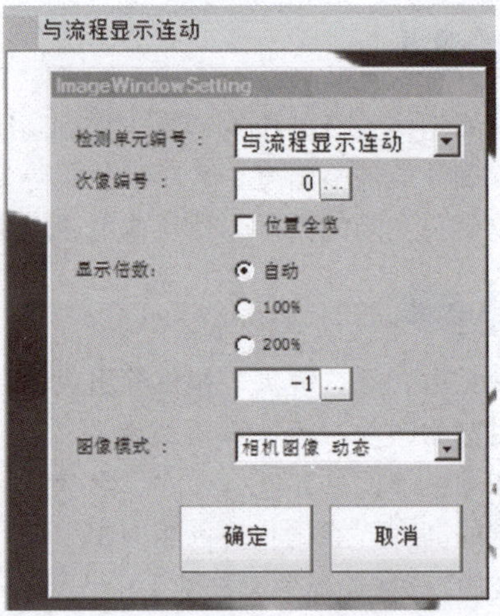
2	将零件移动至相机上方,使待检测区域成像尽可能处于显示器中部	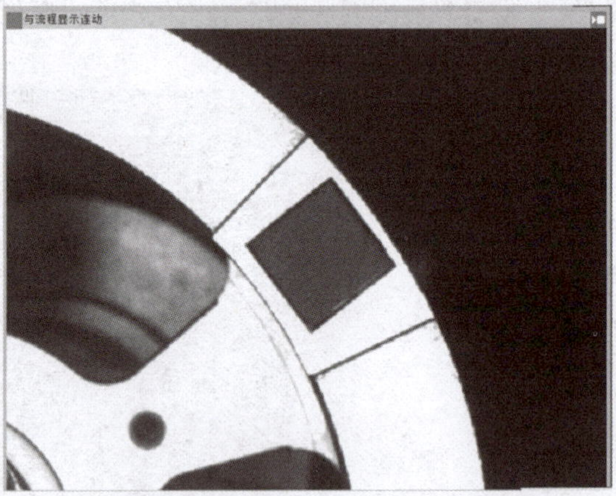
3	旋转光源控制器旋钮,调节光源亮度	

续表

操作步骤	操作说明	示意图
4	松开图示锁定螺钉，旋转镜头外圈调节镜头焦距，使图像显示清晰； 旋转镜头光圈，调节进光量和景深，使图像局部特征显示更加清晰	 （图示：调节焦距、锁定螺钉、调节进光量）

任务评价

填写表 5-4。

表 5-4 任务评价表

观察清单	观察项目与标准	是否达成	观察者
职业素养	按实训要求进行安全着装		学生
	遵循控制系统设备上下电流程		学生
	实训工位定置定位摆放，严格执行5S管理		学生
	工位整齐、清洁		学生
	任务结束后工位进行5S管理		学生
	认真积极参与研讨		教师
	积极参与小组活动与任务		教师
	较好地组织团队成员分工合作		教师
专业能力	能清晰、准确地描述视觉系统各模块名称及功能		教师
	能正确调节相机使成像清晰		学生、教师
	能正确调节相机使成像明亮		学生、教师
	达标数量		

项目 5　工业机器人视觉分拣工作站

任务 5.2　视觉系统的流程编辑

任务描述

待检测零件为轮毂，有标签和二维码两类检测区域，需分别编辑具体的检测流程。在本任务中，需要熟悉视觉软件的操作界面和流程编辑的操作方法。

预备知识

1. 视觉软件主界面（布局0）

视觉软件主界面（布局0）如图 5-3 所示。

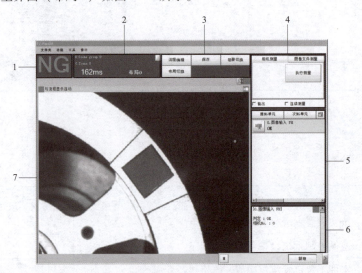

图 5-3　视觉软件主界面（布局0）

1—判定显示窗口；2—信息显示窗口；3—工具窗口；4—测量窗口；
5—流程显示窗口；6—详细结果显示窗口；7—图像显示窗口

1）判定显示窗口

判定显示窗口显示综合判定结果（OK/NG）。若是处理单元群的判定结果中任意一个判定结果为 NG，则综合判定结果为 NG。各处理单元的判定结果显示在详细结果显示窗口。

2）信息显示窗口

(1) 布局：显示当前显示的布局序号。

(2) 处理时间：显示检测处理所花费的时间。

(3) 场景组编号、场景编号：显示当前显示的场景组编号、场景编号。

3）工具窗口

(1) 流程编辑：设定检测流程，启动流程编辑界面。

(2) 保存：将设定数据存储到控制器主机的闪存中。更改某些设定后，请务必单击此按钮保存设定。

(3) 场景切换：切换场景组或场景。

(4) 布局切换：切换布局。

4) 测量窗口

(1) 相机测量：进行相机图像的测试测量。

(2) 图像文件测量：进行保存图像的再测量。

(3) 输出：通过调整画面进行测试测量时，希望将测量结果向外部输出时勾选此项。不向外部输出只进行传感器控制器单体的测试测量时，不勾选此项。

(4) 连续测量：希望在调整画面中进行连续测试测量时勾选此项。勾选"连续测量"复选框后再单击"执行测量"按钮，即可反复执行连续测量。

5) 流程显示窗口

流程显示窗口显示测量处理的内容。单击各处理项目的按钮时，会显示设定处理单元各参数的属性设定界面。通过以下按钮可以移动到判定结果为 NG 的处理单元。

"首 NG 单元"：移动到判定为 NG 的第一个处理单元。

"次 NG 单元"：移动到下一个判定为 NG 的处理单元。

按钮▣：显示所选流程的参数设定界面。

6) 详细结果显示窗口

详细结果显示窗口显示各测试测量的结果。

7) 图像显示窗口

图像显示窗口显示被测零件的图像。单击处理单元的左侧，可显示图像显示窗口的属性对话框，如图 5-4 所示。

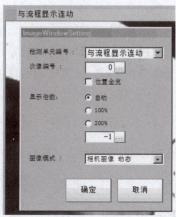

图 5-4　图像显示窗口属性对话框

2. 视觉软件流程编辑界面

创建流程编辑界面，如图 5-5 所示。可以使用界面内的编辑按钮对场景内的处理单元进行重新排列、添加或删除。右侧窗格为测量流程构成项目的处理项目树。左侧窗格为测量流程的场景。测量触发输入后，按照测量流程自上而下地执行处理。单击测量流程中设定的各处理单元的按钮，或者单击"设定"按钮，可切换到属性设定界面。

1) 单元列表

单元列表显示构成流程的各处理单元。向单元列表中添加处理项目，可以创建场景流程。

2) 流程编辑按钮

流程编辑按钮可以对场景内的处理单元进行重新排列、添加或删除。

3) 处理项目树

在处理项目树中可以选择流程中要添加的处理项目。处理项目按种类显示为树形结构。

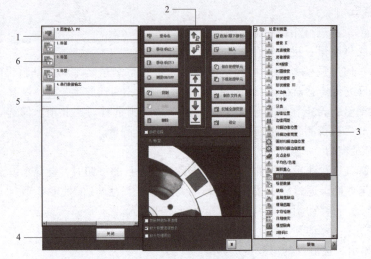

图 5-5 视觉软件流程编辑界面
1—单元列表；2—流程编辑按钮；3—处理项目树；4—显示选项；
5—结束标志；6—属性设定按钮

单击各项目的"+"按钮，展开下级项目。单击各项目的"-"按钮，则隐藏下级项目。勾选"参照其他场景流程"复选框，则显示场景选择框和其他场景流程。

4）显示选项

（1）"参照其他场景流程"：勾选此选项，可以参照同一场景组内其他场景的流程。

（2）"放大测量流程显示"：勾选此选项，可以放大单元列表中的流程图标。

（3）"放大处理项目"：勾选此选项，可以放大处理项目树中的图标。

5）结束标志

结束标志表示流程的终点。

6）属性设定按钮

单击属性设定按钮可切换至相应属性设定界面，进行参数设定。

任务实施

1. 编辑带颜色标签的检测流程

编辑带颜色标签的检测流程见表 5-5。

视觉检测系统的
流程编辑

表 5-5 编辑带颜色标签的检测流程

操作步骤	操作说明	示意图
1	利用机器人将待检测零件移动至检测区域，使带颜色的标签位于成像的中部	

续表

操作步骤	操作说明	示意图
2	单击"场景切换"按钮,将场景组切换为0. Scene group 0,场景切换为0. Scene 0,单击"确定"按钮	
3	单击"图像输入"按钮,设置相机参数,使图像清晰	
4	通过调节"快门速度"和"增益"来调节图像的亮度	

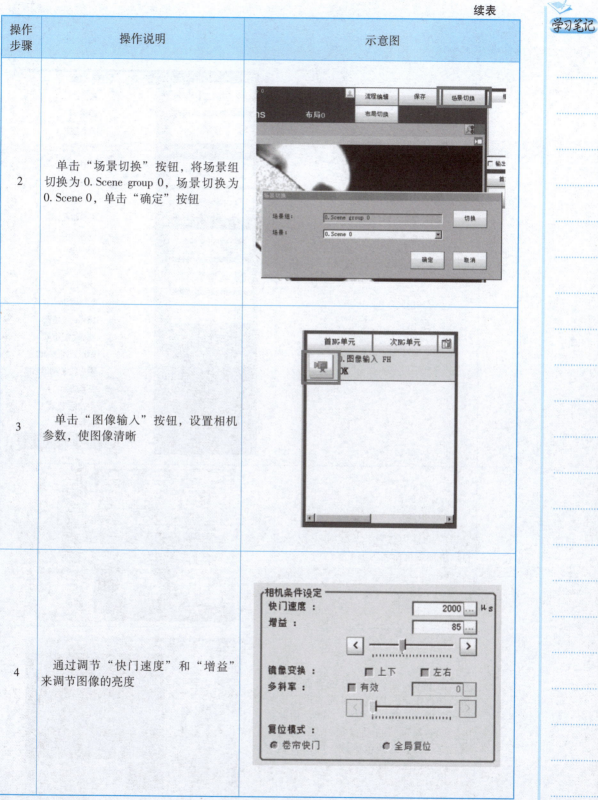

续表

操作步骤	操作说明	示意图
5	返回主界面,单击"流程编辑"按钮,在流程编辑界面插入"标签"选项	
6	当前标签为红色,为了便于识读,可以将标签重命名为red	
7	单击 red 标签,进入设置界面;单击"颜色指定"按钮,勾选"设定多种颜色抽取"选项,选中"颜色抽取0",同时勾选"自动设定"复选框,然后框选标签的颜色区域,可以看到标签部分颜色被抽取	

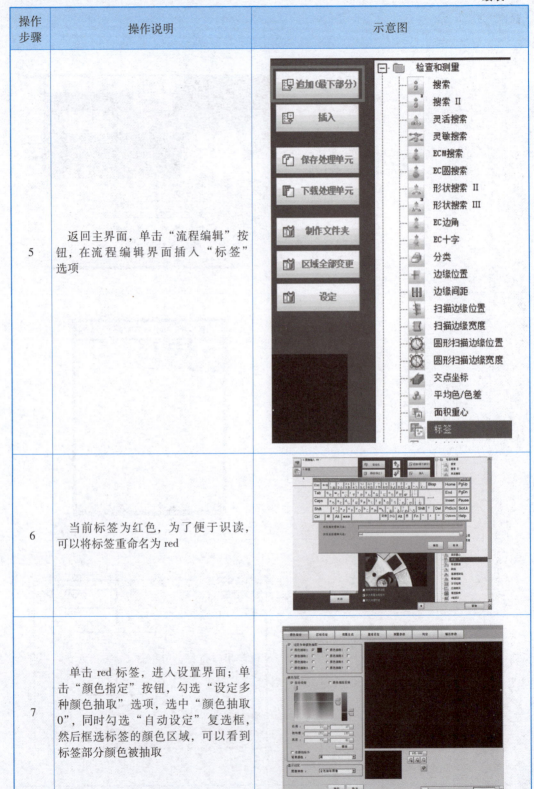

续表

操作步骤	操作说明	示意图
8	为了实现识别整个标签的颜色，可以进一步调试色调、饱和度、亮度等参数，使整个标签颜色都能被识别	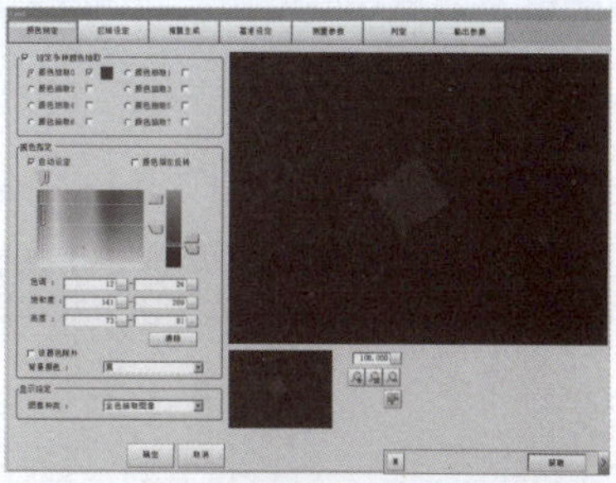
9	单击"区域设定"按钮，使用长方形工具为标签选择合适的测量区域。 注意：该测量区域要给标签的位置误差留足够的余量	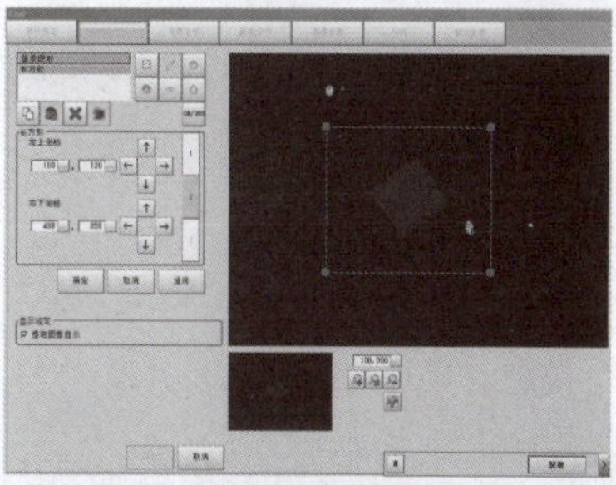
10	单击"测量参数"按钮，设定标签条件的"分类方法"为"面积"，"抽取条件"也选择"面积"选项；单击"测量"按钮，得到当前标签面积的最大值和最小值	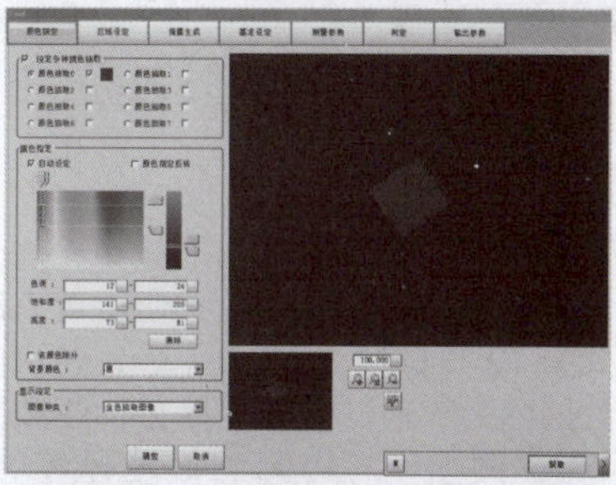
11	为了将面积较小的色块筛选掉，需要根据实际情况设定面积的下限值，这里将下限值设为1 000，设置完成后，再单击"测量"按钮，可以看到只剩下一个面积最大的色块是有标签的	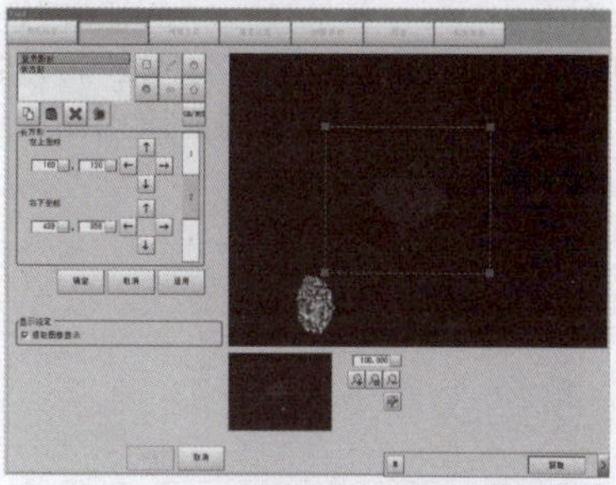
12	单击"判定"按钮，设置"判定条件"中的0为"标签数"，标签数的下限值设为1	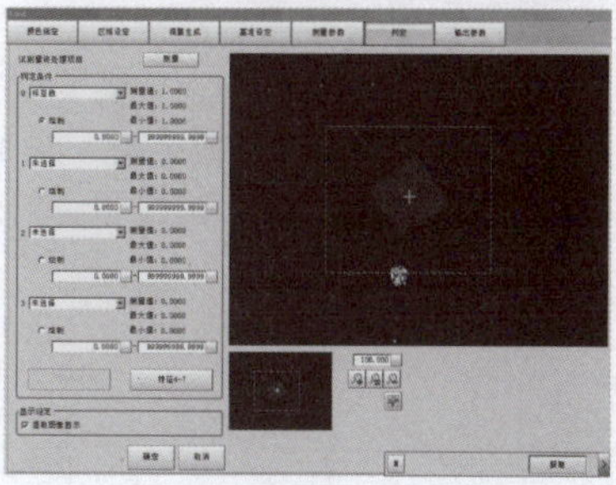

项目5　工业机器人视觉分拣工作站

续表

操作步骤	操作说明	示意图
13	按照上述流程,再次添加一个用于检测绿色标签的流程	
14	添加"串行数据输出"流程	
15	单击"串行数据输出"按钮,进入设置界面,单击"…"按钮设定表达式为"U1.L*1+U2.L*2",表示红色的标签数乘以1加上绿色标签数乘以2。例如,当检测到绿色标签时,此时绿色标签数为1,红色标签数为0,则表达式结果为2。因此,可以通过表达式的结果判断当前识别到的标签颜色	
16	单击"输出格式"按钮,"通信方式"选择"以太网"选项,输出形式选择ASCII选项,"整数位数"为1,"小数位数"为0	

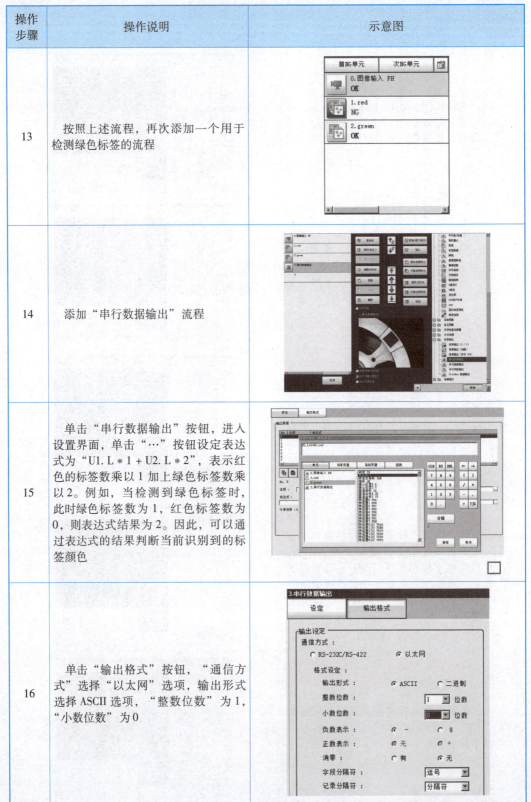

续表

操作步骤	操作说明	示意图
17	返回主界面，单击"执行检测"按钮，再单击"串行数据输出"按钮，可以看到表达式的输出结果	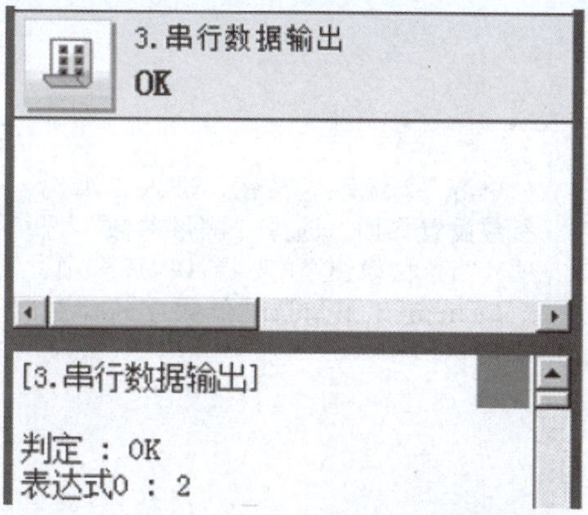

2. 编辑二维码检测流程

编辑二维码检测流程操作步骤见表5-6。

视觉检测系统的流程编辑

表5-6 编辑二维码检测流程操作步骤

操作步骤	操作说明	示意图
1	利用机器人将待检测零件的二维码区域移至合适的检测位置。 将场景组切换为0. Scene group 0，场景切换为1. Scene 1	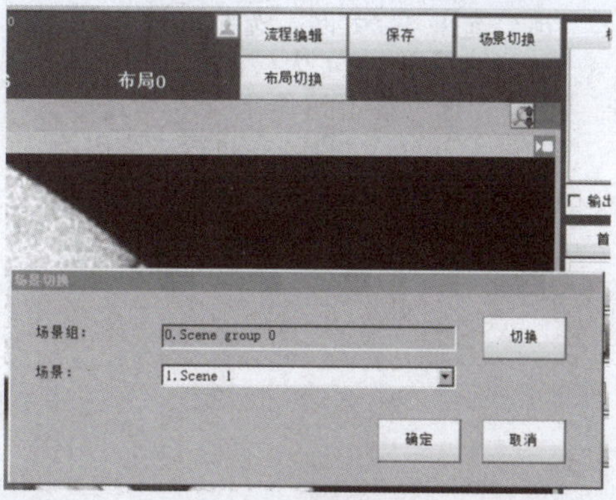
2	单击"流程编辑"按钮，在流程编辑界面插入"2维码"流程	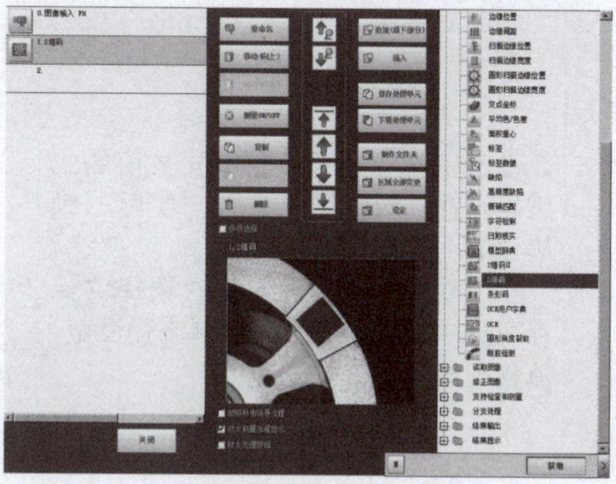

项目5 工业机器人视觉分拣工作站 187

续表

操作步骤	操作说明	示意图
3	单击"2维码"按钮，进入二维码参数设置界面，选择"测量参数"选项，"读取模式"选择 DPM 选项，"显示设定"中勾选"结果字符串显示"	
4	选择"输出参数"选项，"通信输出"选择"以太网"选项；字符输出的范围指定 1~4 为检测结果设定位数。勾选"输出错误字符"复选框，并设置为 1111，即当在执行二维码检测流程时未检测到二维码时，输出结果为 1111	
5	设置完成后分别检测不同数值的二维码，查看测量结果是否与实际二维码数值一致； 在"功能"下拉菜单中，选择"保存"选项，保存二维码检测流程设定，流程完成	

任务评价

填写表 5-7。

表 5-7 任务评价表

观察清单	观察项目与标准	是否达成	观察者
职业素养	按实训要求进行安全着装		学生
	遵循控制系统设备上下电流程		学生
	实训工位定置定位摆放，严格执行 5S 管理		学生
	工位整齐、清洁		学生
	任务结束后对工位进行 5S 管理		学生
	认真积极参与研讨		教师
	积极参与小组活动与任务		教师
	较好地组织团队成员分工合作		教师
专业能力	能准确地表述视觉软件主界面常用选项的功能		教师
	能准确地表述流程编辑界面中常用流程的功能		学生、教师
	能完成场景组和场景的选择		学生
	能独立完成标签颜色识别的流程配置		学生
	能独立完成串行数据输出的流程配置		学生
	能独立完成二维码识别的流程配置		学生
	能对所配置的流程进行验证		教师
达标数量			

任务 5.3　工业机器人与视觉系统的通信配置与调试

任务描述

机器人与视觉系统的
通讯配置与调试

视觉系统与机器人通过机器人端通信程序完成通信配置，包括视觉通信连接、视觉检测请求的通信、视觉检测结果的通信。

视觉通信连接，由机器人向视觉控制器发送字符串，并选择合适的场景进行工作；视觉检测请求的通信，由机器人向视觉控制器发送字符串，请求检测；视觉检测结果的通信，检测结果以字符串的形式发送给机器人，机器人解码字符串获取信息。

本任务将编写并调试通信程序，然后通过机器人控制视觉系统拍照并将检测结果回传。

预备知识

1. 套接字（socket）的概念

socket 是支持 TCP/IP 网络通信的基本操作单元，可以看作是不同主机之间进行双向通信的"通信桥梁"和端点，是通信双方的一种约定，用 socket 中的相关函数来完成通信过程。

socket 可以看成两个程序进行通信连接的一个端点，是连接应用程序和网络驱动程序的桥梁。首先，socket 在应用程序中创建，通过绑定与网络驱动建立关系；其次，应用程序将数据发送给 socket，由 socket 交给网络驱动程序在网络上发送出去；最后，控制器从网络上收到与该 socket 绑定 IP 地址（同一网段）和端口号相同的数据后，由网络驱动程序交给 socket，应用程序从该 socket 中提取接收到的数据。网络应用程序就是这样通过 socket 进行数据的发送与接收。

2. 机器人通信指令

要通过以太网进行通信，至少需要一对 socket，其中一个运行在客户端，另一个运行在服务器端。根据连接启动的方式及要连接的目标，socket 之间的连接过程分三个步骤：服务器监听、客户端请求、连接确认。

（1）服务器监听是指服务器端 socket 并不定位具体的客户端套接字，而是处于等待连接的状态，实时监控网络状态。

（2）客户端请求是客户端 socket 发出连接请求，要连接服务器端 socket。客户端的 socket 需要先描述它要连接的服务器端的 socket，指出服务器端 socket 的地址和端口号，然后再向服务器端 socket 提出连接请求。

（3）连接确认是当服务器端 socket 监听到或者接收到客户端 socket 的连接请求时，就响应客户端 socket 的请求，建立一个新的线程，把服务器端 socket 的信息发送给客户端 socket，一旦客户端 socket 确认了此连接，连接即可建立，可以执行数据的收发动作。完成后服务器端 socket 将继续处于监听状态，接收其他客户端 socket 的连接请求。

通信过程中，机器人作为客户端，需要向视觉控制器（服务器端）发出请求指令。为了机器人和视觉控制器能顺利完成检测任务所需要的通信，机器人要用到表 5-8 所示指令。

表 5-8 指令/函数对应的功能表

指令/函数	功能
SocketCreate	创建新的 socket
SocketConnect	用于将机器人 socket 与服务器端的视觉控制器相连
SocketClose	当不再使用 socket 连接时，使用该指令关闭 socket
SocketSend	用于发送通信内容（如字符串），使用已连接的 socket
SocketReceive	机器人接收来自视觉控制器的数据

本任务使用到的视觉系统控制指令有三种：选择场景组、选择场景、执行测量。视觉控制器默认的系统通信代码见表 5-9。

表 5-9 视觉控制器默认的系统通信代码表

代码	功能
SGa	切换所使用的场景组编号 a（num 型）
Sb	切换所使用的场景编号 b（num 型）
M	执行一次测量

3. 回传结果数据处理

回传结果（反馈数据）格式与通信代码互相对应，视觉控制器回传至机器人的检测结果字符见表 5-10。

表 5-10 视觉控制器回传至机器人的检测结果字符表

反馈数据对象	场景组切换完毕	场景切换完毕	测量成功	测量结果	后缀
"二维码"	OK/OD	OK/OD	OK/OD	0002	/OD
"标签颜色"——红	OK/OD	OK/OD	OK/OD	1	/OD
"标签颜色"——绿	OK/OD	OK/OD	OK/OD	2	/OD

对于回传结果的字符串，可以利用 StrPart（ ）函数从中截取能代表测量结果的字符作为视觉最终的检测结果。以二维码反馈数据的截取为例，string1 字符串"OK/ODOK/ODOK/OD0002/OD"，其中"/OD"算作一个字符，StrPart（string1，9，4）表示从第 9 个字符开始，向后截取 4 位字符，截取结果即为 0002。

任务实施

编写并调试通信程序，通过机器人控制视觉系统拍照并将检测结果回传。在通信过程中，需要先构建以下变量，见表 5-11。

表 5-11 通信过程中需要先构建的变量表

序号	变量	类型	功能
1	socket1	socketdev	用于机器人控制器与视觉控制器网络连接的套接字
2	string1	string	用于接收回传数据信息的字符串变量
3	string2	string	存储经过提取有用数据信息的字符串变量

1. 视觉系统通信配置

视觉系统通信配置操作步骤见表 5-12。

表 5-12 视觉系统通信配置操作步骤

操作步骤	操作说明	示意图
1	单击"工具"按钮,选择"系统设置"选项	
2	单击"通信模块"按钮,将"串行(以太网)"设置为"无协议(TCP)",并单击"适用"按钮	
3	单击"功能"按钮,选择"保存"选项,保存当前设定;然后选择"系统重启"选项,使通信模块的设置生效	
4	单击"工具"按钮,选择"系统设置"选项,再次进入"系统设置"界面;选择"以太网(无协议 TCP)"选项,进入设置界面; 更改视觉系统的 IP 地址,保证与机器人处于同一网段的不同地址,然后修改"输入/输出端口号"为2000,完成后单击"适用"按钮; 返回主界面,单击"功能"按钮,选择"保存"选项,通信设置完毕	

续表

操作步骤	操作说明	示意图
5	在场景 0 和场景 1 的主界面勾选"输出",用于输出结果数据	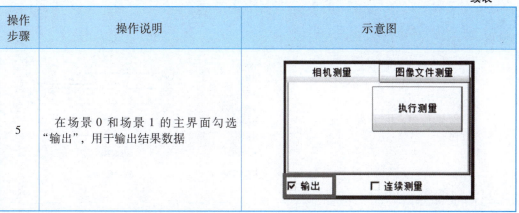

2. 设置机器人的 IP 地址

设置机器人的 IP 地址操作步骤见表 5-13。

表 5-13　设置机器人的 IP 地址操作步骤

操作步骤	操作说明	示意图
1	在 ABB 机器人主界面中单击"控制面板"按钮,选择"配置"选项,进入参数配置界面;然后单击"主题"按钮,选择 Communication 选项,再选择 IP Setting 选项,单击"添加"按钮,进入 IP 设置界面	参数名称　　　　　　值 IP Subnet　　　　　　　255.255.255.0 Interface　　　　　　LAN Label　　　　　　　tmp0
2	双击 IP 值,输入 IP 地址为"192.168.0.100",更改网口为广域网 WAN,将标签改为 CCD,表示该 IP 地址用于和视觉系统进行通信,重启后完成设置。 注意:如果使用局域网 LAN,则机器人与外部设备的连接是通过局域网口进行通信	参数名称　　　　　　值 IP　　　　　　　　　192.168.0.100 Subnet　　　　　　　255.255.255.0 Interface　　　　　　WAN Label　　　　　　　CCD

3. 机器人与视觉系统通信程序的编写与调试

机器人与视觉系统通信程序的编写与调试操作步骤见表 5-14。

表 5–14　机器人与视觉系统通信程序的编写与调试操作步骤

操作步骤	操作说明	示意图
1	新建程序，用于视觉通信程序	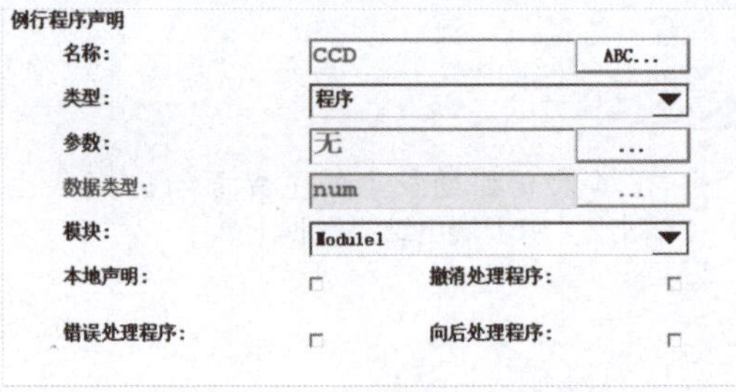
2	添加 SocketClose 指令，在创建 socket 的时候需要保证 socket 未参与连接，利用 SocketClose 指令确保 socket 为待连接的 socket	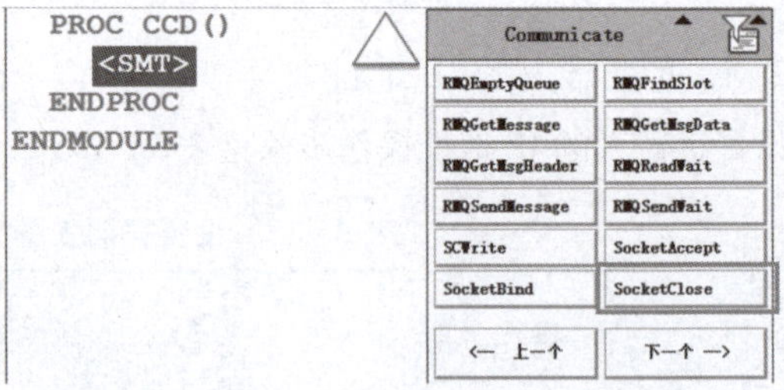
3	在添加 SocketClose 指令时，需要添加数据类型 socketdev 的变量 socket1	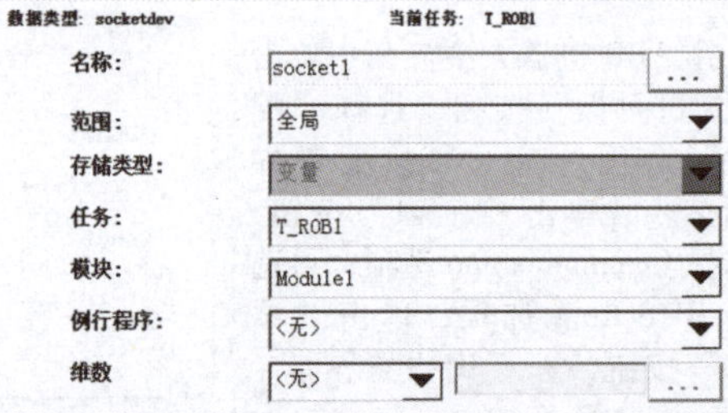
4	添加 SocketCreate 指令，用于创建 socket	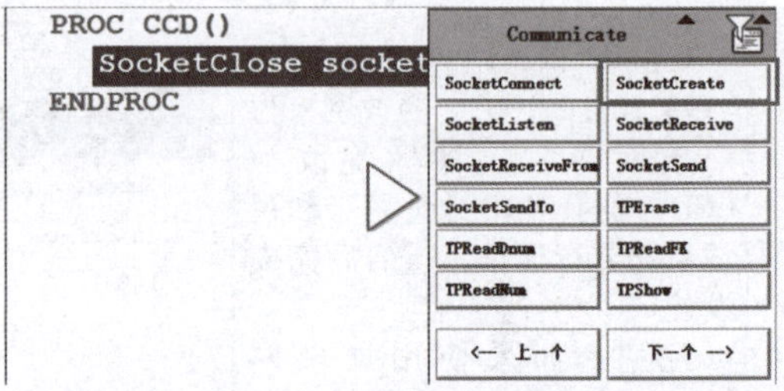
5	添加 SocketConnect 指令，用于连接机器人与视觉控制器，视觉控制器 IP 地址为 "192.168.0.200"，输入/输出的端口号设置为 2000	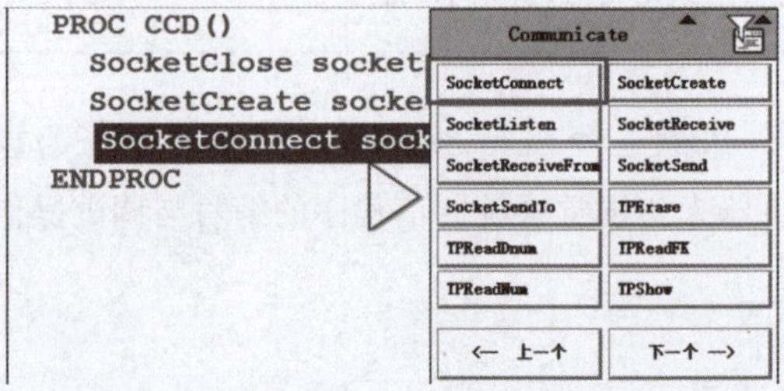

续表

操作步骤	操作说明	示意图
| 6 | 添加 SocketSend 指令,通过 socket1 向视觉控制器发送字符串 SG 0,用于切换至场景组 0 | ```
PROC CCD()
  SocketClose socket1;
  SocketCreate socket1;
  SocketConnect socket1, "192.168.0.200", 2000;
  SocketSend socket1\Str:="SG 0";
ENDPROC
``` |
| 7 | 添加 SocketSend 指令,通过 socket1 向视觉控制器发送字符串 S 0,用于切换至场景 0,注意需添加一个等待时间;<br>同理,如果需要切换至场景 1 则发送字符串 S 1 | ```
PROC CCD()
  SocketClose socket1;
  SocketCreate socket1;
  SocketConnect socket1, "192.168.0.200", 2000;
  SocketSend socket1\Str:="SG 0";
  WaitTime 0.5;
  SocketSend socket1\Str:="S 0";
ENDPROC
``` |
| 8 | 添加 SocketSend 指令,通过 socket1 向视觉控制器发送字符串 M,用于触发视觉控制器拍照,注意需添加一个等待时间 | ```
PROC CCD()
  SocketClose socket1;
  SocketCreate socket1;
  SocketConnect socket1, "192.168.0.200", 2000;
  SocketSend socket1\Str:="SG 0";
  WaitTime 0.5;
  SocketSend socket1\Str:="S 0";
  WaitTime 0.5;
  SocketSend socket1\Str:="M";
ENDPROC
``` |
| 9 | 利用 SocketReceive 指令接收视觉控制器中的测量结果,并将该结果存储在变量 string1 中,此处要注意变量 string1 不能设置为常量,否则会出错 | ```
PROC CCD()
  SocketClose socket1;
  SocketCreate socket1;
  SocketConnect socket1, "192.168.0.200", 2000;
  SocketSend socket1\Str:="SG 0";
  WaitTime 0.5;
  SocketSend socket1\Str:="S 0";
  WaitTime 0.5;
  SocketSend socket1\Str:="M";
  WaitTime 0.5;
  SocketReceive socket1\Str:=string1;
ENDPROC
``` |
| 10 | 添加赋值指令"∶=",利用 StrPart()函数截取回传检测结果中的有效信息,并将其存储至变量 string2 中 | ```
  SocketClose socket1;
  SocketCreate socket1;
  SocketConnect socket1, "192.168.0.200", 2000;
  SocketSend socket1\Str:="SG 0";
  WaitTime 0.5;
  SocketSend socket1\Str:="S 0";
  WaitTime 0.5;
  SocketSend socket1\Str:="M";
  WaitTime 0.5;
  SocketReceive socket1\Str:=string1;
  WaitTime 0.5;
  string2 := StrPart(string1,12,1);
ENDPROC
``` |
```

续表

操作步骤	操作说明	示意图
| 11 | 数据传输完毕，利用Socket-Close指令来关闭socket | ```
SocketConnect socket1, "192.168.0.200", 2000;
SocketSend socket1\Str:="SG 0";
WaitTime 0.5;
SocketSend socket1\Str:="S 0";
WaitTime 0.5;
SocketSend socket1\Str:="M";
WaitTime 0.5;
SocketReceive socket1\Str:=string1;
WaitTime 0.5;
string2 := StrPart(string1,12,1);
SocketClose socket1;
ENDPROC
``` |
| 12 | 利用机器人将待检测零件的颜色标签移动至检测位，在手动模式下执行程序 | ```
29  PROC CCD()
30    SocketClose socket1;
31    SocketCreate socket1;
32    SocketConnect socket1, "192.168.0.200", 2000;
33    SocketSend socket1\Str:="SG 0";
34    WaitTime 0.5;
35    SocketSend socket1\Str:="S 0";
36    WaitTime 0.5;
37    SocketSend socket1\Str:="M";
38    WaitTime 0.5;
39    SocketReceive socket1\Str:=string1;
40    WaitTime 0.5;
41    string2 := StrPart(string1,12,1);
``` |
| 13 | 程序执行完成后，在主界面单击"程序数据"按钮，选择string类型数据，分别查看string1和string2两个字符串的值，如正确接收和截取字符串，则视觉通信程序编制无误 | 名称　　　值　　　　　　　　　　　模块　　　1到2共2
string1　"OK/ODOK/ODOK/OD2...　Module1　全局
string2　"2"　　　　　　　　　　　Module1　全局 |

拓展任务

编写完整的机器人分拣程序，使系统能够根据识别到的二维码信息将零件分拣至对应的仓库，如二维码信息是0002，则分拣至2号仓库。

任务评价

填写表5-15。

表5-15　任务评价表

观察清单	观察项目与标准	是否达成	观察者
职业素养	按实训要求进行安全着装		学生
	遵循控制系统设备上下电流程		学生
	实训工位定置定位摆放，严格执行5S管理		学生
	工位整齐、清洁		学生
	任务结束后对工位进行5S管理		学生
	认真积极参与研讨		教师
	积极参与小组活动与任务		教师
	较好地组织团队成员分工合作		教师

续表

观察清单	观察项目与标准	是否达成	观察者
专业能力	能准确表述机器人 socket 通信指令的功能		教师
	能正确配置视觉软件通信参数		教师
	能正确配置机器人通信参数		教师
	能编写机器人指令触发相机切换场景组和场景		学生、教师
	能编写机器人指令触发相机拍照		学生、教师
	能编写机器人指令接收相机数据		学生、教师
	能编写机器人指令处理接收到的相机数据		学生、教师
	达标数量		

项目小结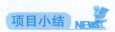

将质量意识、创新意识、安全意识等职业素养和社会责任、环保意识等素养内容融入工业机器人视觉分拣教学项目中，学生不仅能够掌握专业技能，还能够培养良好的职业道德和社会意识，成为综合素质和能力全面发展的专业技术人才。

课后习题

1. 选择题

（1）下面关于视野控制说法错误的是（   ）。
　　A. 不同的镜头焦距，在不同的工作距离下，可以获得不同的视野及检测精度
　　B. 视野大小的选择往往考虑能够覆盖检测的对象，没有遗漏的区域
　　C. 检测对象在图像中的大小尽量能够用满整个视野，保证足够的像素利用率
　　D. 视野对于成像质量几乎没有影响

（2）机器视觉无法完成的工作是（   ）。
　　A. 二维码识别　　　　B. 文字识别　　　　C. 人像美颜拍照　　　　D. 医疗成像

（3）工业相机检测的理论精度是由（   ）决定。
　　A. 相机像素　　　　　B. 图像视野　　　　C. 软件　　　　　　　　D. 图像

（4）和普通相机相比，属于工业相机的优势是（   ）。
　　A. 能拍运动速度快的物体　　　　　　　B. 价格便宜
　　C. 隔行扫描　　　　　　　　　　　　　D. 光谱范围窄

（5）不属于机器视觉中光源起到的作用是（   ）。
　　A. 照亮目标，提高亮度　　　　　　　　B. 形成有利于图像处理的效果
　　C. 为了造成视觉效果，更好看　　　　　D. 降低环境光的干扰

（6）产品加工完成后，用工业视觉系统来识别成品是否存在缺陷、污染物、功能性瑕疵等问题利用了视觉系统的（   ）功能。
　　A. 引导　　　　　　　B. 检测　　　　　　C. 识别　　　　　　　　D. 测量

（7）现在的工业视觉系统实际上处理的是（   ）图像。
　　A. 彩色　　　　　　　B. 灰度　　　　　　C. 几何　　　　　　　　D. 二值

2. 判断题

(1) 工业视觉系统在很多应用中能够替代人眼来做测量和判断。（ ）

(2) 通过光学的装置和非接触的传感器，工业视觉系统能够自动地接收和处理真实物体的图像，以获得所需信息。（ ）

(3) 增大增益，可以增加对比度和亮度，但噪声也会随之增加。（ ）

(4) 工业视觉系统处理过程主要包括图像采集和图像分析两个阶段。（ ）

(5) 工业视觉系统在产品单一、检测任务单一的情况下比较适用。（ ）

(6) 镜头的主要作用是通过感光元件把光信号转换成数字信号并传输出去。（ ）

(7) 相比于普通相机，工业相机更加易于安装，可以抓拍高速运动的物体，但价格更贵。（ ）

3. 简答题

(1) 简述 CCD 的工作原理。

(2) 简述工业相机一般由哪几部分组成，分别有什么作用。

☞ 答案

1. 选择题

(1) D　(2) C　(3) A　(4) A　(5) C　(6) B　(7) D

2. 判断题

(1) √　(2) √　(3) √　(4) ×　(5) √　(6) ×　(7) √

3. 简答题

(1) CCD 的工作原理可以分为四个关键步骤，分别是光电转换、电荷储存、电荷转移和电荷检测。

首先，当光线从被摄物体反射并透过相机镜头到达 CCD 时，CCD 内部的光敏元件（通常是光敏二极管）会吸收这些光线，并将它们转换为电荷，这一过程称为光电转换。然后，这些电荷被储存在 CCD 上的特定区域。接下来，通过 CCD 内部的电极，这些电荷被系统地转移（或扫描）到特定的位置，以便进行检测和后续处理。最后，电荷被转换为电压信号，这个电压信号的强度与原始光信号的强度成正比，从而实现了光信号到电信号的转换。

此外，CCD 中的每个像素（或光敏元件）都负责捕捉一个特定区域的光线，并将光信号转换为电信号。这些电信号然后被处理和转换，最终形成数字图像数据，可以存储或传输。CCD 的优点包括高分辨率、低噪声和宽动态范围，但相对于 CMOS 传感器，它们通常成本更高、集成度更低。

(2) 一般来说，工业相机主要由图像传感器、内部处理电路、数据接口、I/O 接口、光学接口等几个基本模块组成。当相机在进行拍摄时，光信号首先通过镜头到达图像传感器，然后被转化为电信号，再由内部处理电路对图像信号进行算法处理，最终按照相关标准协议通过数据接口向上位机传输数据。I/O接口则提供相机与上下游设备的信号交互，如可以使用输入信号触发相机拍照，相机输出频闪信号控制光源亮起等。

项目6　工业机器人常见故障诊断处理与运行维护

项目导入

工业机器人作为制造业皇冠上的明珠，在提高生产效率、降低劳动强度、保障产品质量等方面发挥着不可替代的作用。党的二十大报告提出，加快建设现代化经济体系，着力提高全要素生产率，着力提升产业链供应链韧性和安全水平。安全生产对生产制造具有至关重要的作用。工业机器人在生产制造中的广泛应用，常常会遇到各种故障和问题。工业机器人遇到故障如果没有及时诊断处理和运行维护，不仅会导致生产中断，还可能引发更大的问题并造成经济损失。因此，掌握工业机器人常见故障诊断处理与运行维护的技能，对于企业生产的稳定运行和持续发展至关重要。我们需要学习更多的设备故障相关知识与技能，确保设备正常运行，提高生产效率，为现代化经济体系建设、高质量发展贡献自己的力量。

项目目标

学习目标	**知识目标：** 1. 了解机器人编码器类型及功能； 2. 理解机器人关节转动角度值与编码器数值的转换关系； 3. 掌握转数计数器的更新方法； 4. 掌握示教器无法连接控制系统的处理方法； 5. 掌握 SMB 通信中断的处理方法； 6. 掌握电机电流错误的处理方法。 **能力目标：** 1. 能简要地描述机器人编码器类型及功能； 2. 能清楚地表述机器人编码器、SMB 的安装位置； 3. 能熟练地完成机器人转数计数器更新操作； 4. 能根据 SMB 内存数据差异更新校准参数； 5. 能根据示教器无法连接控制系统情况判断故障原因并处理； 6. 能熟练处理 SMB 的通信中断故障； 7. 能根据电机电流错误情况判断故障原因并处理。 **素养目标：** 1. 通过机器人故障分析，找出问题并制订方案，培养学生解决问题能力； 2. 通过机器人安全操作、规范操作，培养学生安全规范意识； 3. 通过机器人设备的故障诊断与排除学习，培养学生注重细节的习惯和追求完美的工匠精神
知识重点	1. 机器人 SMB 数据丢失处理方法； 2. 转数计数器数据更新； 3. 机器人 SMB 的通信中断处理方法； 4. 机器人电机电流错误处理方法

续表

知识难点	1. 机器人关节转动角度值与编码器数值转化计算； 2. SMB 内存数据差异处理方法
建议学时	8
实训任务	任务 6.1 工业机器人关节校准； 任务 6.2 工业机器人常见故障与处理

 项目描述

本项目将工业机器人在企业应用过程中最常见的故障作为案例开展教学。通过本项目的学习，学生能熟练掌握机器人串口测量板（serial measurement board，SMB）数据丢失、转数计数器未更新、示教器无法连接系统、SMB 的通信中断、电机电流错误等故障处理方法，确保机器人始终保持正常运行状态。

 学习指南

项目 6 内容框架图 6-1 所示。

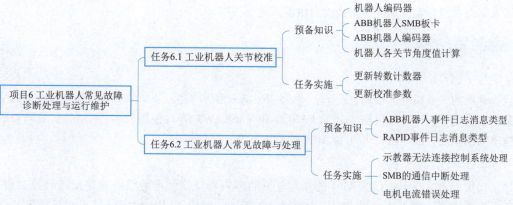

图 6-1 项目 6 内容框架

技能对应的国家职业技能标准及 1+X 证书标准见表 6-1 和表 6-2。

表 6-1 对应国家职业技能标准

序号	国家职业技能标准	对应职业等级证书技能要求
1	工业机器人系统操作员（2020年版）	2.1.3 能诊断机器人工作站或系统的故障，根据生产需求给出解决方案（技师）； 2.1.4 能诊断机器人工作站或系统使用设备的故障，为设备的检修提供解决方案（技师）
2	工业机器人系统运维员（2020年版）	1.1.7 能根据示教器日志信息或错误代码对工业机器人本体故障进行定位、分析和原因判定（高级工）； 2.1.1 能通过工业机器人控制系统内部状态信息对其运行状况进行检查、故障定位、分析和原因判定（高级工）； 2.1.2 能对工业机器人控制系统安全回路等连接线路进行检查、故障定位、分析和原因判定（高级工）； 3.2.2 能更换工业机器人本体和控制柜电池（高级工）

表 6-2　1+X 证书标准

序号	对标 1+X 证书标准	对应职业等级证书技能要求
1	1+X 证书《工业机器人应用编程》（2021 年版）	3.4.2 能够根据操作规范对工业机器人杆长、关节角、零点等基本参数进行标定（中级）

任务 6.1　工业机器人关节校准

转数计数器更新

任务描述

工业机器人的每个关节都可以沿着自身的轴线进行旋转或移动，通过组合这些运动，机器人可以在三维空间中进行各种复杂的运动和操作。机器人的每个关节都由一个电机和减速器组成，它们用于提供旋转动力和实现精确的位置控制。电机通过编码器或其他位置传感器测量关节的角度和位置，并将数据发送到机器人控制器进行处理，处理后将得到机器人各个关节转动的角度值。若机器人因拆装、编码器电池电量过低出现丢失关节转动角度值、机器人零点重新标定等情况，则需要对机器人进行校准。

预备知识

1. 机器人编码器

常见的工业机器人编码器有 Encoder 和 Resolver 两种类型。Encoder 编码器的输出为数字量，不易受干扰，日系机器人（如 FANUC 和 YASKAWA 等）使用较多；Resolver 编码器的输出为模拟量，欧系机器人（如 ABB 和 KUKA 等）使用较多。

2. ABB 机器人 SMB

模拟信号易受干扰，故 ABB 机器人电机的编码器反馈线缆并没有直接连接到控制柜，而是先连接到机器人底部的 SMB，如图 6-2 所示。所以，SMB 的作用之一就是模数转化——将 Resolver 编码器传来的模拟信号转化为数字信号。

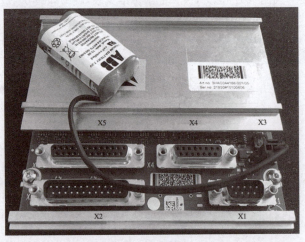

图 6-2　SMB 及接口

在 SMB 中，X3 为电池接口，X1 为 SMB 到机器人的本体尾端接口（SMB 输出接口），X4 为 7 轴电机编码器接口，X2 和 X5 为本体电机编码器接口。

小型 ABB 机器人通常将 1~2 轴电机编码器线使用一股线缆接到 SMB，3~6 轴电机编码器线使用另一股线缆连接到 SMB，因此 X2 端只连接机器人的 1~2 轴电机编码器，X5 端连接机器人的 3~6 轴电机编码器。

小贴士

机器人在长期使用后容易存在接线松动的情况，导致设备无法正常使用，请秉承认真负责的态度按照设备点检要求定期对设备进行检查，强化自身质量意识。

3. ABB 机器人编码器

ABB 机器人使用单圈绝对值编码器，即编码器能实时反馈电机在一圈内的位置信息，单圈内的位置信息不需要额外供电存储。由于减速机齿轮箱的存在，因此实际机器人的某个轴旋转 180°，电机已经旋转几十圈。电机旋转超过一圈，编码器发出的位置又从零开始，故对于单圈绝对值编码器，还需要一个设备对电机旋转圈数进行计数。SMB 另外一个作用就是对电机圈数进行计数。

电机圈数在 SMB 中的存储需要电源。在控制柜开启时，由控制柜给 SMB 供电进行圈数存储。在控制柜关闭时，则由 SMB 上的电池供电进行圈数存储。若机器人出现 SMB 电池电量低报警，较好的方法是在机器人开机时更换 SMB 电池，避免旋转圈数计数丢失。ABB 机器人 SMB 电池如图 6-3 所示。

图 6-3　ABB 机器人 SMB 电池

综上所述，机器人每个电机的当前位置可根据下式进行计算

$$motor\_angle = count * 2\pi + resolver\_data$$

式中　motor_angle——当前电机总角度，rad；

　　　count——当前电机圈数；

　　　resolver_data——当前编码器的单圈反馈值。

4. 机器人各关节角度值计算

机器人电机与本体之间，常通过减速机（齿轮组）连接，采用较大的减速比能够获得更大的扭矩。由于减速比的存在，电机反馈的当前位置信息不能直接用来表示机器人各轴的位置信息,需要先除以减速比。

机器人的各轴位置信息(当前各轴角度值)都是相对的,即参考某一个位置。通常把该参考位置作为机器人各轴的零位。在机器人出厂前,通过特殊仪器测定出各个轴在零位时对应的编码器反馈值(单位为 rad,范围为 $0\sim 2\pi$),即电机在编码器一圈内的值,各值贴在机器人本体上,如图6-4所示。

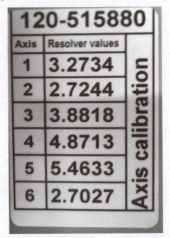

图6-4 各轴电机编码器反馈偏移值

因此,可以根据电机各轴所对应的偏移量计算电机各轴角度值。公式如下:

$$axis\_angle = (motor\_angle - cal\_offset)/2\pi * 360/transmission$$

式中 axis_angle——当前电机总角度,(°);

motor_angle——当前电机总角度,rad;

cal_offset——该轴在零位时编码器值;

transmission——该轴的减速比。

其中,transmission 可以在示教器控制面板的 Motion 界面选择 Transmission 选项,查看每个轴的减速比,如图6-5所示。

➢ **注意**:机器人本体的减速比由设备硬件决定,不能修改。

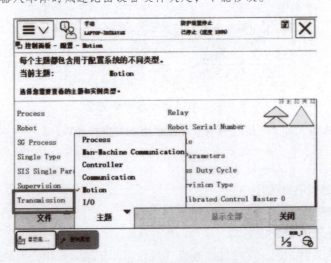

图6-5 控制面板的 Motion 界面

cal_offset 的数值可以从机器人本体上的银色标签获得,如图 6-4 所示。也可以从示教器控制面板的 Motion 界面选择 Motor Calibration 选项 (见图 6-6),查看每个轴 cal_offset 的值 (如果是仿真系统则数据为 0),如图 6-7 所示。

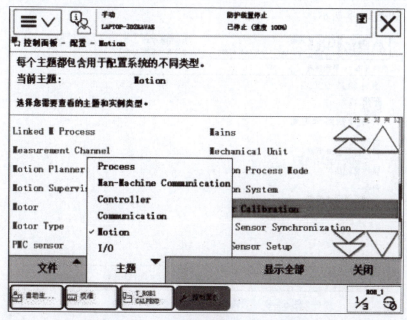

图 6-6 选择 Motion Calibration 选项

图 6-7 机器人 1 轴电机偏移值

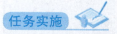

在【预备知识】讲述了 ABB 机器人各轴位置信息与编码器的数据对应关系;在任务实施环节将讲解什么情况下需要做校准操作,以及不同情况对应的不同校准操作方法。

1. 更新转数计数器

原因分析：关闭控制柜时，转数计数器中的数据由 SMB 电池供电进行存储。由于电池电量低、损坏或接线松动等原因造成电机旋转圈数的丢失，可能会出现"转数计数器未更新"报警，如图 6-8 所示。

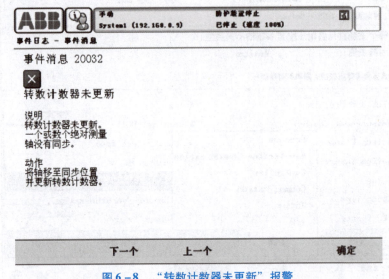

图 6-8 "转数计数器未更新"报警

机器人电机单圈编码器反馈的存储数据不需要电池，通常不会丢失，即可认为机器人电机单圈参考位置正确。移动机器人各轴到刻度位置进行"转数计数器更新"操作，完成后告知机器人电机零圈的大概位置即可，真正的零位参考信息未丢失，不影响机器人的精度。转数计数器更新操作步骤见表 6-3。

表 6-3 转数计数器更新操作步骤

操作步骤	操作说明	示意图
1	通过示教器分别移动机器人各轴到机器人同步标记位置	

续表

操作步骤	操作说明	示意图
2	打开示教器主界面，选择"校准"选项	
3	在校准界面中选择"转数计数器"选项，单击"更新转数计数器"按钮	
4	进入转数计数器更新界面后根据实际情况勾选需要更新的机器人轴，单击"更新"按钮；更新时示教器无须对各轴上电使能，完成后状态显示为"转数计数器已更新"	

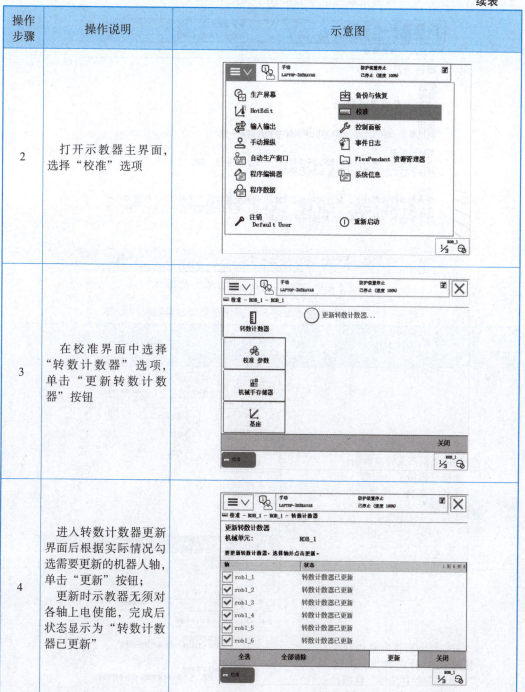

2. 更新校准参数

机器人的位置信息会在 SMB 与控制柜内各自存储，当机器人开机时，系统会自动比较两者的数据是否一致。在机器人系统未开启时，若按下抱闸按钮，移动机器人或更换 SMB 将会导致两边数据不一致，系统将出现"SMB 内存数据差异"报警，如图 6-9 所示。

"SMB 内存数据差异"报警更新校准参数操作步骤见表 6-4。

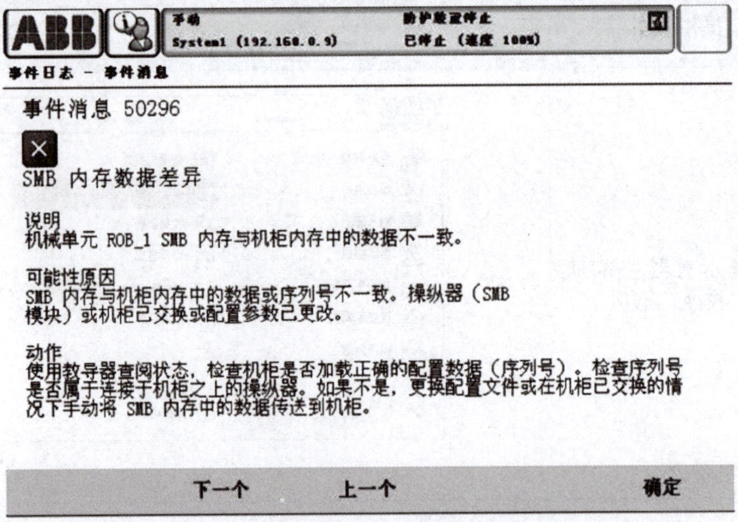

图 6-9 "SMB 内存数据差异"报警

表 6-4 "SMB 内存数据差异"报警更新校准参数操作步骤

操作步骤	操作说明	示意图
1	在示教器主界面单击"校准"按钮进入机器人校准界面； 选择"机械手存储器"选项； 选择"高级"选项进行 SMB 内存校准	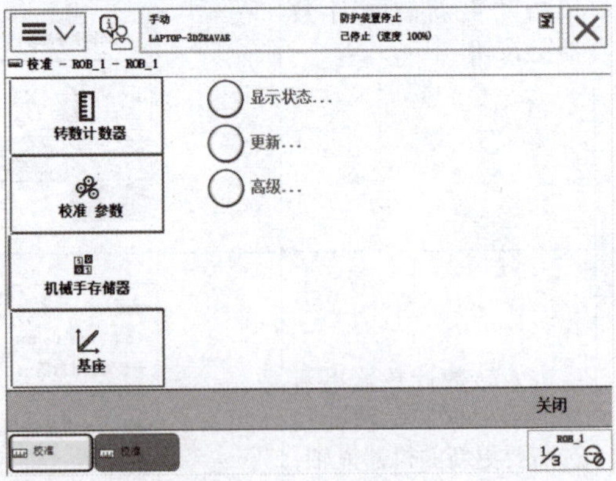
2	若需要更换控制器内存卡或修改控制器内数据，则选择"清除控制器存储器"选项； 若选择更换 SMB，则选择"清除机械手存储器"选项； 完成后单击左下角"关闭"按钮	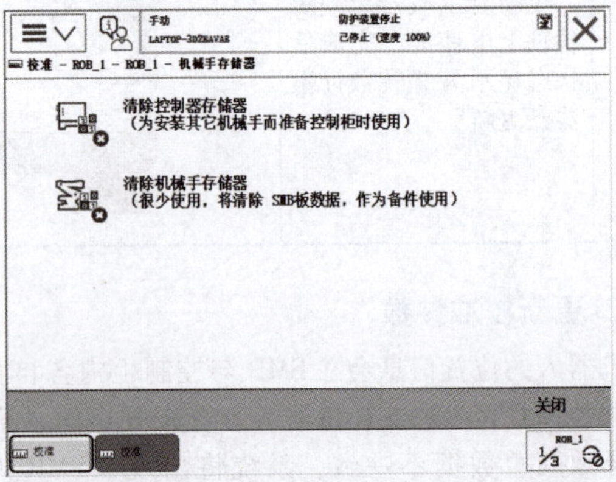

续表

操作步骤	操作说明	示意图
3	若在操作步骤2中选择"清除控制器存储器"选项,则进入图示界面单击"清除"按钮进行数据清除	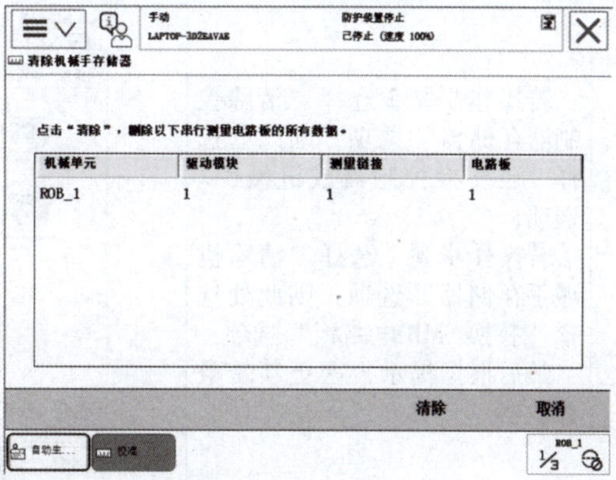
4	若在操作步骤2中选择"清除机械手存储器"选项,则选择需要清除的机器人/变位机等机械单元控制器数据,单击"清除"按钮进行数据清除	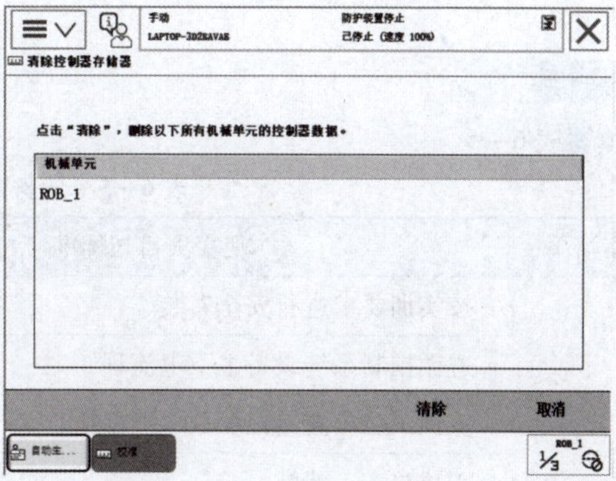
5	完成后单击"更新"按钮,对步骤4中选择的数据进行更新	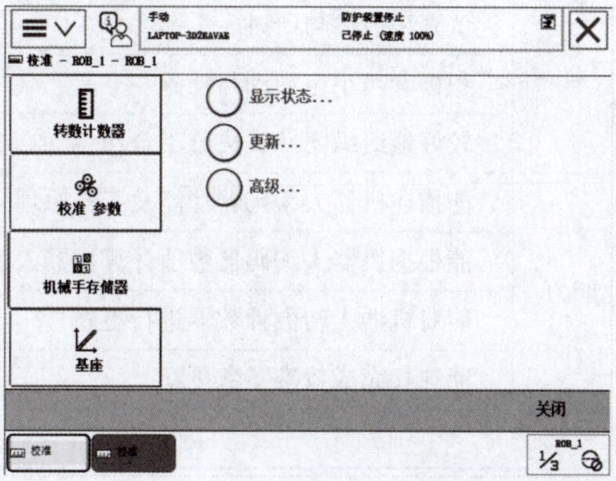

续表

操作步骤	操作说明	示意图
6	若操作步骤 2 选择"清除控制器存储器"选项，则此处选择"已交换控制器或机械手"选项； 若操作步骤 2 选择"清除机械手存储器"选项，则此处选择"替换 SMB 电路板"选项； 最后根据提示再次更新转数计数器	

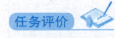

填写表 6-5。

表 6-5 任务评价表

观察清单	观察项目与标准	是否达成	观察者
职业素养	按实训要求进行安全着装		学生
	遵循控制系统设备上下电流程		学生
	实训工位定置定位摆放，严格执行 5S 管理		学生
	工位整齐、清洁		学生
	任务结束后工位进行 5S 管理		学生
	认真积极参与研讨		教师
	积极参与小组活动与任务		教师
	较好地组织团队成员分工合作		教师
专业能力	能描述机器人编码器功能及工作原理		教师
	能根据机器人编码器数值计算机器人关节转动角度值		教师
	能对机器人转数计数器进行更新		学生、教师
	能独立完成校准参数更新		学生、教师
达标数量			

任务 6.2　工业机器人常见故障与处理

任务描述

机器人在日常应用过程中会出现不同的故障报错,在本任务中将针对"示教器无法连接控制系统""SMB 的通信中断""电机电流错误"等常见故障进行故障原因分析与故障处理操作。

控制器无法
连接故障处理

预备知识

1. ABB 机器人事件日志消息类型

ABB 机器人可以通过事件日志的消息查看机器人故障的类型及具体报错信息,操作人员可通过事件日志排查故障信息。

在 ABB 机器人的控制器中支持三种类型的时间日志消息,分别为 Information、警告、Error。

(1) Information:用于将信息记录到事件日志中,但并不要求用户进行任何特别操作。

(2) 警告:用于提醒用户系统上发生了某些无须纠正的事件,操作会继续,消息会保存在事件日志中。

(3) Error:表示系统出现了严重错误,操作已经停止,需要用户立即采取行动。

2. RAPID 事件日志消息类型

在机器人 RAPID 事件日志消息中,系统已经对不同类型事件进行分类编号,操作人员可通过编号序号查找对应故障信息并进行处理,见表 6-6。

表 6-6　事件日志消息类型

编号序列	事件类型
1××××	操作事件:与系统处理有关的事件
2××××	系统事件:与系统功能、系统状态等有关的事件
3××××	硬件事件:与系统硬件、机械臂及控制器硬件有关的事件
4××××	程序事件:与 RAPID 指令、数据等有关的事件
5××××	程序事件:与 RAPID 指令、数据等有关的事件
7××××	I/O 事件:与输入和输出、数据总线等有关的事件
8××××	用户事件:用户定义的事件
9××××	功能安全事件:与功能安全相关的事件

小贴士

生命至上,安全第一,在处理设备故障的过程中要严格遵守安全操作规范。

1. 示教器无法连接控制系统处理

机器人开机时示教器长时间显示 Connecting to the robot controller，表示目前示教器无法连接控制系统，如图 6-10 所示。

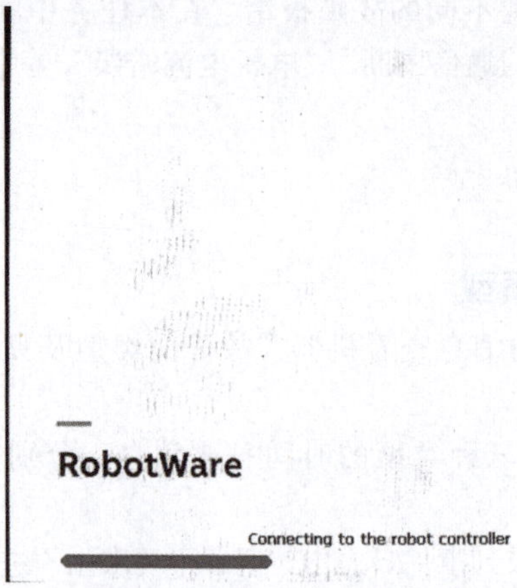

图 6-10 示教器显示 Connecting to the robot controller 界面

1) 原因分析

上述情况是示教器与机器人主控制器之间没有建立通信连接造成的。未建立连接的原因包括：（1）机器人主机故障；（2）机器人主机内置的 SD 卡故障；（3）示教器到主机之间的网线断裂或者插口松动等。

2) 处理方法

（1）检查主机的工作是否正常。

（2）检查主机内的 SD 卡是否正常工作。主机内 SD 卡安装在主机右侧，如图 6-11 所示。

图 6-11 机器人主机 SD 卡存放位置

（3）检查示教器与主机之间的网线连接是否正常。示教器与主机之间的网口为主机网口 X3，如图 6-12 所示。

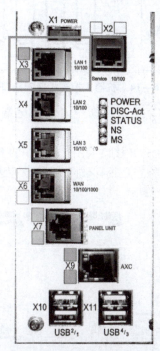

图 6-12　示教器与主机网线连接网口 X3

2. SMB 的通信中断处理

现场机器人示教器界面出现事件消息提示"与 SMB 的通信中断"，无法启动机器人，如图 6-13 所示。

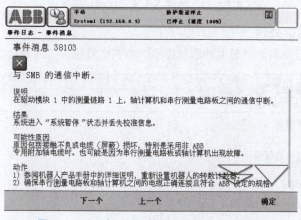

图 6-13　"与 SMB 的通信中断"提示界面

1）原因分析

控制柜内轴计算机与机器人本体 SMB 之间连接断开。

2）处理方法

处理方法是检查控制柜内轴计算机到机器人本体之间所有涉及的连接。

（1）检查控制柜内轴计算机到控制柜底部的 X2 接口（图 6-14 中的 M 处）的连接。

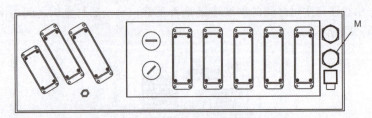

图 6-14 机器人控制柜底部接口图

（2）检查控制柜底部的 X2 接口到机器人本体尾端的 SMB 接口（图 6-15 中的 R1.SMB）的连接。

（3）检查机器人本体尾端的 SMB 接口（图 6-15 中的 R1.SMB）到 SMB 之间的连接。

同时，对以上多段线缆分段检查是否有破损、接口是否松动，如是则需进行更换或紧固处理。

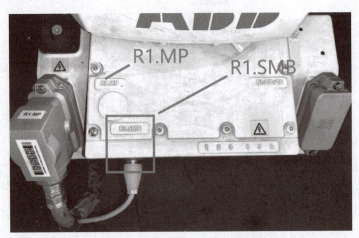

图 6-15 机器人本体尾端接口示意

3. 电机电流错误处理

现场机器人示教器界面出现事件消息提示"电机电流错误"界面，如图 6-16 所示。

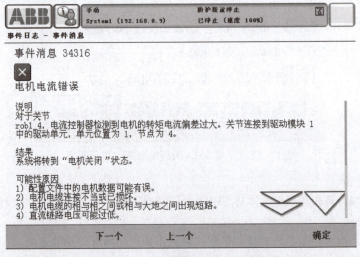

图 6-16 "电机电流错误"提示界面

1）原因分析

驱动单元 4 轴输出至机器人本体 4 轴电机之间的动力线缆出现异常。

2）处理方法

检查驱动单元 4 轴输出至机器人本体 4 轴电机之间的连接线缆是否异常。

（1）检查驱动单元 4 轴输出（图 6-17 中的 X14）至控制柜底部的 X1 接口（图 6-18 中的 C 处）的连接线缆。

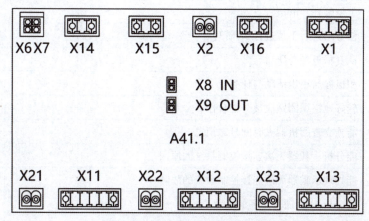

图 6-17　控制柜内部主驱动示意

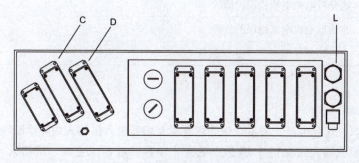

图 6-18　机器人控制柜底部接口图

（2）检查控制柜底部的 X1 接口到机器人本体尾端的 MP 接口（图 6-15 中的 R1.MP）的连接线缆。

（3）检查机器人本体尾端的 MP 接口（图 6-15 中的 R1.MP）到机器人本体轴 4 电机的连接线缆。

同时，对以上多段线缆分段检查是否有破损、接口是否松动，如是则需进行更换或紧固处理。

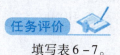

填写表 6-7。

表 6-7 任务评价表

观察清单	观察项目与标准	是否达成	观察者
职业素养	按实训要求进行安全着装		学生
	遵循控制系统设备上下电流程		学生
	实训工位定置定位摆放，严格执行 5S 管理		学生
	工位整齐、清洁		学生
	任务结束后工位进行 5S 管理		学生
	认真积极参与研讨		教师
	积极参与小组活动与任务		教师
	较好地组织团队成员分工合作		教师
专业能力	能独立查阅机器人时间日志消息		学生
	能分析示教器无法连接控制系统的原因		教师
	能处理示教器无法连接控制系统的故障		学生、教师
	能分析 SMB 通信中断的原因		教师
	能处理 SMB 通信中断的故障		学生、教师
	能分析电机电流错误的原因		教师
	能处理电机电流错误的故障		学生、教师
达标数量			

项目小结

将安全意识、安全生产、质量意识等职业素养培养融入机器人故障诊断项目教学中，学生不仅能够掌握机器人常见的 SMB 数据丢失、转数计数器未更新、机器人 SMB 的通信中断、机器人电机电流错误等故障处理的专业技能，还能学习设备运维等相关知识与技能及养成良好的职业道德和社会意识，为社会高质量发展贡献自己的力量，成为具备综合素质和全面发展的专业技术人才。

课后习题

1. 选择题

(1) 在恢复机器人系统的文件夹中，存储机器人配置参数的文件夹是（　　）。
  A. RAPID   B. SYSPAR   C. System. xml   D. HOME

(2) 不需要进行机器人零点校准的情况是（　　）。
  A. 新购买的机器人   B. 本体电池没电
  C. 转数计数器丢失   D. 断电重启

(3) 没有出现在 IRC5 紧凑型控制器面板上的是（　　）。
  A. 按键面板   B. 电缆接口面板
  C. 电源接口面板   D. 集成气源接口

(4) 校准触摸屏，可进入示教器控制面板菜单，选择（　　）选项来设置。
　　A. 外观　　　　　　B. 配置　　　　　　C. FlexPendant　　　D. 触摸屏
(5) 机器人故障排查中，发现伺服驱动器的抱闸电压输出正常，为 24 V，而伺服电机侧的抱闸电压为 0 V，则故障原因为（　　）。
　　A. 编码器线缆磨损断线　　　　　B. 抱闸线缆磨损断线
　　C. 动力线缆磨损断线　　　　　　D. 编码器线缆短路
(6) 下列电机中，（　　）可以不设置过电流保护。
　　A. 直流电机　　　　　　　　　　B. 三相笼型异步电机
　　C. 绕线式异步电机　　　　　　　D. 以上三种电机
(7) 发现机器人运行异常时，应立即按下（　　）按键。
　　A. 紧急停止　　　B. 伺服使能　　　C. 伺服停止　　　D. 电源启动
(8) 工业机器人本体的安装环境，应控制在（　　）为宜，低温启动会造成异常的偏差或超负荷，必要时需进行暖机。
　　A. 0～45℃　　　B. −10～40℃　　　C. 20～50℃　　　D. −10～60℃
(9) 用于检测机器人作业对象及作业环境状态的是（　　）传感器。
　　A. 内部　　　　　B. 外部　　　　　C. 电子　　　　　D. 电磁
(10) 168. ABB 机器人急停按键需要接入的端口是（　　）。
　　A. XS7　　　　　B. XS12　　　　　C. XS14　　　　　D. XS16

2. 判断题

(1) 当出现故障时，一定要确认系统中各设备的状态，确认各设备的自动程序都正常。
　　　　　　　　　　　　　　　　　　　　　　　　　　　　　　　　　　（　　）
(2) 利用增量式编码器进行位置跟踪的系统中，必须在系统开始运行时进行复位。
　　　　　　　　　　　　　　　　　　　　　　　　　　　　　　　　　　（　　）
(3) 更换伺服电机转数计数器电池后，可以不进行转数计数器更新操作。（　　）
(4) 急停开关（E−Stop）不允许被短接。　　　　　　　　　　　　　　（　　）
(5) 保险丝更换，只要能使机器人恢复正常运行即可。　　　　　　　　（　　）

3. 简答题

请简要描述 ABB 机器人高级重启的功能有哪几项，并描述各个功能的主要用途。

☞ 答案

1. 选择题
(1) B　(2) D　(3) D　(4) D　(5) B　(6) B　(7) A　(8) A　(9) B
(10) A
2. 判断题
(1) √　(2) √　(3) ×　(4) √　(5) ×
3. 简答题
(1) 重启：普通重启，所有参数会被保存，机器人系统重新启动。

（2）重置系统：该操作会将机器人恢复出厂状态，所有程序和后期配置被删除。

（3）重置 RAPID 程序：该操作会将机器人内后期编写的 RAPID 程序清空。

（4）启动引导应用程序：该操作会让机器人进入机器人启动引导界面，该界面可以选择系统和设置网络 IP 等。

（5）恢复到上次自动保存的状态：该操作重启后，机器人系统会使用上次成功关机时的系统配置。上次成功关机之后的系统配置都会被删除。但 RAPID 等程序依旧保留。

（6）关闭主计算机：该操作仅会关闭主计算机。由于主计算机的关闭，示教器会显示 Connecting to the controller 界面，此时可以关闭机器人主电源。此方法为正确关闭机器人的方法。